面对等离子体钨基复合材料的制备及其性能研究

陈勇 吴玉程 著

合肥工业大学出版社

前　言

陈勇博士学位论文研究工作是在吴玉程教授指导下完成的，并且得到与中国科学院等离子体物理研究所合作项目（103 - 413361）和合肥工业大学中青年创新群体基金（103 - 037016）的支持。针对面对等离子第一壁材料的需求背景，旨在通过机械合金化及粉末冶金技术制备出高性能的钨基复合材料，并对钨基复合材料的制备及强化理论做一些有益的探索，为提高钨基复合材料性能、扩大钨基复合材料用途和发展第一壁材料的应用奠定基础。

衷心感谢中国科学院等离子体物理研究所陈俊凌研究员在研究与实验方面给予的指导。感谢合肥工业大学材料学院黄新民老师、程继贵老师、王文芳老师、李云老师、郑玉春老师、程娟文老师、舒霞老师、唐述培老师、朱绍峰老师等在课题实验方面提供的帮助。中国科学院固体物理研究所孔明光老师在扫描电镜分析、中南大学杨海林博士在烧结实验、中国科学院等离子所李化博士和种法力博士在电子束热负荷实验中给予了帮助，哈尔滨工业大学王玉金教授在解析方面给予了帮助，本实验室一起工作学习的成员也给予很大帮助，在此一并表示感谢。

由于作者水平有限，写作过程中难免出现错误，敬请批评指正。

作者
2008 年 12 月于合肥

摘　　要

钨具有高熔点、导电导热性好、低溅射腐蚀速率、热膨胀系数小、低蒸气压以及优良的高温强度等特性,已在航空航天、冶金、汽车、电子、国防等众多领域得到广泛应用。随着现代科学技术的发展,钨和钨合金的应用领域正在不断扩大。目前,钨已被选为 ITER(International Thermonuclear Experimental Reactor)偏转器中的等离子壁材料。等离子壁材料对钨材料的高温性能特别是综合性能提出了较高的要求,纯钨已不适合如此苛刻的工作条件。为此,研究人员采取不同的方法来提高钨材料的性能。本书介绍了钨基材料的研究现状及进展,以提高钨基材料的性能为出发点,采用高能球磨的方法制备出 TiC/W、TiC-La_2O_3/W、W-Cu 系列钨基复合材料,对它们的组织结构及力学性能进行了研究,并在中国科学院等离子体物理研究所的热负荷实验平台上进行高能电子束真空热负荷实验,对所制备试样的热负荷性能进行了研究分析,为钨基复合材料在聚变堆装置中的应用提供了理论和数据参考。主要包括以下内容:

介绍了钨基材料的主要分类、制备方法以及强韧化研究的现状。介绍了采用高能球磨方法制备 TiC/W 复合粉体,使 TiC 颗粒能够均匀混合于钨粉中,并且能够显著细化粉体,提高复合材料的相对密度。讨论分析球磨参数对 TiC/W 复合粉体的制备的影响,其中液体介质比、球磨转速、球料比、球磨时间等对粉体的性能有较大影响。

在 TiC/W 复合材料的基础上添加一定含量的稀土 La_2O_3。结果表明,La_2O_3 和 TiC 在一定成分配比共同作用时的强化效果强于 La_2O_3 和 TiC 单独作用的强化效果。TiC-La_2O_3/W 复合材料的强化机制主要为载荷传递、细晶强化,韧化机制为细晶韧化和裂纹偏转。

介绍了高能球磨法制备 W-Cu 复合粉体。高能球磨过程中产生的大量纳米晶界和高密度的缺陷(位错、层错等)促进 Cu 在 W 晶格中的固溶,促使 W、Cu 的合金化,有助于 W–Cu 烧结体组织的均匀化和致密化。烧结温度、球磨时间和 Cu 含量对 W–Cu 复合材料的相对密度影响较大,进而影响复合材料的强度等力学性能。

对几种钨基复合材料进行电子束热负荷冲击试验和电子束热负荷循环试验,考察其在电子束作用下的性能。电子束热流密度为 $0.5\text{MW}/\text{m}^2$ 时,电子束热冲击后,各试样表面损伤并不十分严重,几种材料热冲击前后质量减损不大。电子束热流密度为 $5\text{MW}/\text{m}^2$ 时,热冲击后材料出现起皮鼓泡现象,扭曲破坏严重,表面呈黑灰色,已完全损坏,材料表面有点状烧蚀坑和表皮脱落现象,电子束热冲击作用较为明显,烧蚀较为严重,质量减损率均超过 1%。电子束热负荷循环后,样品表面出现腐蚀现象,在钨晶粒晶界间萌生,微裂纹仅存在于试样表面,未向基体内部扩展。

关键词:钨基复合材料;高能球磨;TiC;La_2O_3;W–Cu;组织性能;电子束热负荷

目 录

第1章 绪 论 ………………………………………………………… (1)
  1.1 引 言 ………………………………………………………… (1)
    1.1.1 解决世界能源问题的新途径——受控热核聚变 ………… (1)
    1.1.2 核聚变装置 ……………………………………………… (3)
    1.1.3 等离子体与第一壁的相互作用(PMI) …………………… (4)
    1.1.4 托卡马克装置中面对等离子体第一壁材料 ……………… (6)
  1.2 W基面对等离子体第一壁材料 ……………………………… (10)
  1.3 钨基材料的现状 ……………………………………………… (11)
    1.3.1 W-Ni-Me系合金 ………………………………………… (13)
    1.3.2 W-Cu复合材料 ………………………………………… (14)
    1.3.3 W-稀土氧化物合金 ……………………………………… (15)
    1.3.4 TiC和ZrC增强钨基复合材料 …………………………… (16)
    1.3.5 W-Re合金 ………………………………………………… (17)
    1.3.6 W-Mo合金 ………………………………………………… (18)
    1.3.7 钨涂层 …………………………………………………… (18)
    1.3.8 W基面对等离子体材料的选择 …………………………… (19)
  1.4 钨基材料的制备方法 ………………………………………… (19)
    1.4.1 粉体制备方法 …………………………………………… (19)
    1.4.2 主要烧结方法 …………………………………………… (22)
    1.4.3 钨基材料制备新技术 …………………………………… (24)
  1.5 钨基材料的强化研究 ………………………………………… (25)
    1.5.1 复合强韧化 ……………………………………………… (25)
    1.5.2 钨基材料的强化机制 …………………………………… (26)
  参考文献 …………………………………………………………… (27)

第2章 钨基复合材料制备工艺设计及性能测试表征 ……………… (35)
  2.1 钨基复合材料制备影响因素 ………………………………… (36)

2.1.1　粉体的影响 …………………………………… (36)
　　2.1.2　烧结的影响 …………………………………… (38)
2.2　工艺路线设计 ………………………………………… (40)
2.3　实验材料 ……………………………………………… (40)
2.4　材料的制备 …………………………………………… (41)
　　2.4.1　复合粉体制备工艺 …………………………… (41)
　　2.4.2　烧结工艺 ……………………………………… (42)
2.5　粉体的表征 …………………………………………… (43)
　　2.5.1　粉体相组成及晶粒度的测定 ………………… (43)
　　2.5.2　复合粉体的形貌观察 ………………………… (44)
　　2.5.3　复合粉体的中值粒径及比表面测试 ………… (44)
2.6　材料组织结构观察与性能测试 ……………………… (44)
　　2.6.1　复合材料密度测试 …………………………… (44)
　　2.6.2　复合材料弯曲性能测试 ……………………… (45)
　　2.6.3　复合材料显微硬度测试 ……………………… (46)
　　2.6.4　复合材料显微组织结构分析 ………………… (46)
2.7　高能电子束真空热负荷实验 ………………………… (47)
　　2.7.1　实验装置 ……………………………………… (47)
　　2.7.2　实验过程 ……………………………………… (47)
2.8　主要仪器设备 ………………………………………… (49)
参考文献 …………………………………………………… (50)

第3章　高能球磨制备 TiC/W 复合粉体及其表征 ……… (52)
3.1　球磨机的粉碎机理 …………………………………… (57)
3.2　液体介质比 …………………………………………… (60)
3.3　球磨转速 ……………………………………………… (62)
3.4　球　料　比 …………………………………………… (63)
3.5　球磨时间 ……………………………………………… (64)
3.6　小　　结 ……………………………………………… (70)
参考文献 …………………………………………………… (71)

第4章　高能球磨 TiC/W 复合粉体的烧结致密化 ……… (73)
4.1　烧　结 ………………………………………………… (73)
　　4.1.1　粉末烧结基本过程 …………………………… (75)
　　4.1.2　粉末烧结动力学 ……………………………… (75)
　　4.1.3　W - TiC 复合材料的烧结特点 ……………… (77)

4.2 TiC/W 复合材料的相对密度 (78)
 4.2.1 TiC 含量对 TiC/W 复合材料相对密度的影响 (78)
 4.2.2 烧结工艺对 TiC/W 复合材料相对密度的影响 (79)
 4.2.3 球磨时间对 TiC/W 复合材料相对密度的影响 (80)
4.2 高能球磨对 TiC/W 复合材料组织性能的影响 (81)
4.3 高能球磨制备 TiC/W 复合材料的改进 (85)
 4.3.1 TiC/W 复合粉体的分布 (85)
 4.3.2 TiC/W 复合材料的性能 (85)
4.4 TiC/W 复合材料的烧结 (87)
 4.4.1 TiC/W 复合材料烧结特点 (87)
 4.4.2 高能球磨 TiC/W 复合材料烧结机理讨论 (88)
4.5 小　结 (90)
参考文献 (91)

第 5 章　颗粒增强复合材料的制备与力学性能 (92)

5.1 $TiC-La_2O_3/W$ 复合材料成分设计与制备 (95)
5.2 $TiC-La_2O_3/W$ 复合材料的力学性能 (96)
 5.2.1 $TiC-La_2O_3/W$ 复合材料的密度和相对密度 (96)
 5.2.2 $TiC-La_2O_3/W$ 复合材料的硬度和弹性模量 (98)
 5.2.3 $TiC-La_2O_3/W$ 复合材料的抗弯强度和断裂韧性 (99)
5.3 $TiC-La_2O_3/W$ 复合材料的组织结构 (100)
 5.3.1 $TiC-La_2O_3/W$ 复合材料的金相显微组织 (100)
 5.3.2 $TiC-La_2O_3/W$ 复合材料的 TEM 照片 (101)
5.4 $TiC-La_2O_3/W$ 复合材料的断口形貌及裂纹路径分析 (103)
5.5 强韧化机制 (106)
5.6 小　结 (109)
参考文献 (110)

第 6 章　W-Cu 复合材料的制备与性能 (114)

6.1 FGM 的设计 (116)
6.2 FGM 的制备方法 (117)
 6.2.1 粉末冶金法 (117)
 6.2.2 等离子喷涂法 (118)
 6.2.3 气相沉积法 (119)
 6.2.4 自蔓延高温燃烧合成法(SHS) (120)
6.3 梯度功能材料的应用 (120)

6.3.1 航空航天领域 ……………………………………………………… (120)
6.3.2 机械工程领域 ……………………………………………………… (121)
6.3.3 光电领域 …………………………………………………………… (121)
6.3.4 能源领域 …………………………………………………………… (121)
6.3.5 生物工程领域 ……………………………………………………… (122)
6.4 W-Cu复合粉体的制备与表征 ………………………………………… (124)
6.4.1 W-Cu复合粉体的XRD图谱 ……………………………………… (124)
6.4.2 W-Cu复合粉体的晶格常数和晶粒尺寸 ………………………… (127)
6.4.3 W-Cu复合粉体的形貌 …………………………………………… (130)
6.5 W-Cu复合材料的显微组织 …………………………………………… (131)
6.6 W-Cu复合材料的力学性能 …………………………………………… (133)
6.6.1 W-Cu复合材料的密度和相对密度 ……………………………… (133)
6.6.2 W-Cu复合材料的显微硬度 ……………………………………… (135)
6.6.3 W-Cu复合材料的抗弯强度 ……………………………………… (136)
6.7 小 结 ……………………………………………………………………… (138)
参考文献 ……………………………………………………………………… (139)

第7章 高能电子束真空热负荷实验研究 ……………………………… (145)

7.1 传热学基本理论 ………………………………………………………… (147)
7.1.1 温度与热量 ………………………………………………………… (147)
7.1.2 传热基本方式 ……………………………………………………… (147)
7.1.3 热应力 ……………………………………………………………… (149)
7.2 电子束热冲击模拟实验 ………………………………………………… (150)
7.2.1 电子束热冲击对表面温度的影响 ………………………………… (150)
7.2.2 电子束热冲击对表面形貌的影响 ………………………………… (151)
7.2.3 电子束热冲击引起的质量烧蚀率 ………………………………… (155)
7.2.4 电子束热冲击破坏机制分析 ……………………………………… (155)
7.3 电子束热负荷循环实验 ………………………………………………… (157)
7.3.1 电子束热负荷循环对材料组织结构的影响 ……………………… (157)
7.3.2 电子束热负荷循环对显微硬度的影响 …………………………… (159)
7.3.3 电子束热负荷循环对抗弯强度的影响 …………………………… (160)
7.4 小 结 ……………………………………………………………………… (161)
参考文献 ……………………………………………………………………… (162)

第 1 章 绪 论

1.1 引 言

利用轻原子核聚变反应产生聚变能是解决人类能源问题的重要途径,而聚变材料尤其是面对等离子体第一壁材料制约了聚变能的发展,是聚变装置研究的重点之一。在聚变装置中,等离子体与第一壁材料发生的相互作用会导致材料损伤,产生杂质,降低等离子体的品质。因此,第一壁材料必须要具有良好的导热率和抗热冲击性、低溅射产额、低放射性、低蒸气压及高熔点等性能。第一壁材料可分为高 Z 材料和低 Z 材料两种,高 Z 材料中的 W 及 W 基材料由于较其他材料能更好地满足第一壁的要求,因此成为聚变装置最有前途的面对等离子体第一壁材料。目前,W 基面对等离子体第一壁材料主要包括 W-Re 合金、碳化物和氧化物颗粒增强 W 基复合材料、W-Cu 合金和等离子体喷涂 W-Cu 功能梯度材料。然而,W 基材料存在低温脆性、重结晶脆性及辐射脆性等缺点,使得 W 基第一壁材料的寿命大大缩短,限制了其应用。因此,有必要通过提高材料的相对密度及控制材料的杂质含量和显微结构进一步提高 W 基材料的性能。

本章介绍了聚变装置第一壁材料与等离子体的相互作用、第一壁材料的总体要求、钨基材料的研究现状。

1.1.1 解决世界能源问题的新途径——受控热核聚变

能源是人类文明得以维持和发展的物质基础。当前人们所使用的能源主要来自煤、石油和天然气等不可再生资源,使用这些能源所生产的燃料会产生大量的氮氧化物、碳氧化物和硫氧化物,对环境造成严重污染,使人类的生存条件严重恶化,而且这些资源在可预见的未来即将枯竭。除了化石燃料外,目前人类所使用的能源还有裂变能和再生能源。裂变能是一种较为洁净的能源,尽管不会产生大量的 CO_2、SO_2 等污染物,但它存在着安全性、高放射性核废料处理、裂变资源有限和核扩散等问题,在裂变过程中会产生大量长寿命、高毒性的放射性裂变产物和超铀元素,对环境造成长期性污染。因此,它只能作为一种相对清洁的过渡型能源。而再生能源包括风能、太阳能、潮汐能和生物能等,尽管使用起来不会产生污染物,但它们受地域和储能环节的限制,也不能成为人类的主要能源,只能作为对主要能源的补充[1]。

近年来,人们逐渐认识到利用轻原子核聚变反应所产生的聚变能是解决新能源问题的重要途径之一。它具有消耗燃料少、资源丰富、无污染、规模大等优势。因此,发展聚变能受到世界各国的广泛重视,引起了科学界的极大兴趣。

核聚变的物理原理是爱因斯坦质能方程式 $E=mc^2$,它是利用轻核聚变为重核时所释放的能量。由于质子与质子之间的反应截面非常小,所以在实验室条件下,要想实现能量的输出,只能利用氢的同位素氚(T)和氘(D)之间的聚变反应(如图 1-1 所示),其基本的反应方程式为:$D+T\rightarrow{}^4He$(3.5MeV)+n(14.1MeV)。到目前为止,其科学可行性已在磁约束聚变装置托卡马克上得到证实[2]。

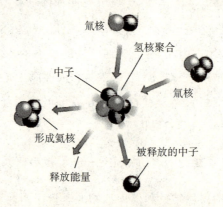

图 1-1 核聚变反应示意图

1.1.2 核聚变装置

将聚变燃料加热至可以发生聚变反应的温度,并控制其能量输出,是受控热核聚变研究的主要内容。受控热核反应的主要途径有两种。

1. 惯性约束聚变[3](ICF,Inertial Confinement Fusion)

利用物质的惯性达到的约束称为惯性约束。ICF 是用下述方式实现受控聚变的:在极短时间内将高功率的能量倾注到少量聚变燃料靶丸(靶丸是直径约 1 mm 的空心小球,小球内装着几毫克的氘和氚的混合气体或固体)中去,燃料被急剧加热并迅速转变成高温等离子体,其中的粒子必将高速向四面八方飞散。然而,关键在于加热时间非常短暂,由于粒子惯性飞行一定范围必须有一定时间,就在它们没有飞出反应区之前热核聚变反应已经完成了。要实现这类聚变反应,技术关键在于需要极高的功率和高度方向性的束流。利用 20 世纪 60 年代后出现的激光束驱动器和粒子束驱动器获得高功率和高方向性束流,是目前惯性约束核聚变研究的主要途径。

2. 磁约束聚变[4](MCF,Magnetic Confinement Fusion)

磁约束聚变是最有希望获得稳定能量输出的途径。其原理是:利用磁场将氘氚等离子体约束起来,通过各种加热方式将氘氚等离子体加热至可以发生聚变反应的水平,最终实现以准稳态直至稳态的方式发生聚变反应。目前,研究最多的磁约束装置是托卡马克(Tokamak)和仿星器(Stellarator)。托卡马克装置是 20 世纪 60 年代后期在原苏联生产设备的基础上发展起来的,很快成为磁约束聚变研究的主攻方向。仿星器是磁约束聚变研究最早进行探索的途径之一,是由美国学者 L. Spitzer 提出的。其基本原理是,通过磁力线旋转变换使带电粒子在环形区域中的漂移轨道封闭而得到长期约束。

近年来,我国聚变研究取得了较大成果。2002 年,西南物理研究院成功建成了我国第一个带有偏滤器位形的托卡马克装置——中国环流二号 A 装置。2006 年,中科院等离子体物理研究所春季实验中又获得超过 300s 的放电时间,处于世界领先地位。目前,该所正在实施 EAST(HT—7U)超导托卡马克计划,新装置将在高功率、长脉冲下运行,并有偏滤器结构,将为

ITER 提供非常有益的帮助,同时也标志着我国已跻身于世界受控核聚变大国的行列[5]。

1.1.3 等离子体与第一壁的相互作用(PMI)

等离子体与材料的相互作用(PMI,Plasma-Material Interaction)是指:由于磁场对等离子体约束的不完全性,一些带电粒子会由于碰撞、反常输送等机制在垂直于磁面方向上作漂移和扩散运动,直至接触器面并与其发生作用;另外,中性粒子、中子、光子不受磁场约束,直接作用到器壁上。PMI 是不可避免的,同时,它也是实现聚变能与氦灰排出的必要条件。PMI 大致分为两个方面。一方面粒子流(离子、电子、中性粒子、中子、高能逃逸电子、光子和射线等)和伴随的能量流轰击器壁,造成第一壁材料损伤;另一方面,粒子流和能量流轰击器壁产生杂质,杂质进入主约束区,对等离子体约束和其品质产生不利影响[6]。在托卡马克装置中,为了防止等离子体与器壁直接接触,抑制其相互作用,通常在装置中设置限制器(Limiter)或偏滤器(Divertor)将两者隔开。限制器或偏滤器把等离子体约束在一定体积之内,因此存在一个等离子体边界——最后闭合通量面(LCFS,the Last Closed Flux Surface)。LCFS 向内是芯等离子体区域,向外则是刮削层(Scraped-off Layer),再向外就是包括真空室壁、限制器和偏滤器靶板在内的与等离子体直接接触的部分,总称第一壁(First Wall)。第一壁表面的材料称为面对等离子体第一壁(PFM,Plasma Facing Materials)。

1. 杂质的产生

在托卡马克装置中,PMI 过程中杂质的产生主要有以下几种机制:

(1)物理溅射(Physical Sputtering)[7~9]

物理溅射在聚变装置中是不可避免的。中心电子温度为 1keV~20keV 的等离子体,在其边缘处不可避免地会有几十 eV 能量的粒子,这些入射粒子通过与第一壁表面原子的弹性碰撞将一部分能量传递给表面原子,表面原子直接通过级联(Cascade)过程获得足够的能量克服表面的束缚而逸出,这个过程称为物理溅射。溅射产额与入射粒子和表面原子的质量比、入射粒子的能量、表面温度以及入射角等有关。物理溅射有阈值存在,只有在入射粒子的能量超过其相应的阈值时,溅射才会发生。物理溅射是杂质产生的主要机制之一,不能靠附加的操作来消除。

(2) 蒸发(Evaporation)[10]

严重的蒸发现象主要发生在局部过热处。当放电突然中止,等离子体能量和部分等离子体电流感应能,将会在毫秒级的时间内冲击到壁面的小面积上,从而产生严重的蒸发。在托卡马克装置中,蒸发也是不可避免的。

(3) 解吸(Desorption)[11]

器壁表面通常吸附有一些杂质,如氧、氮等粒子,还有一些工作气体如氘、氚等。这些粒子与材料原子的结合能有高有低,在离子、电子、光子的照射下都可能释放出来,形成杂质。因此,在实验前,一般要先对器壁进行清洗或壁处理,如烘烤、辉光放电等。

(4) 起弧(Arcing)[12]

带电的等离子体自放电,殃及壁面,形成电弧。形成这些弧的趋势取决于壁面形状、表面性质(材料、光滑度)。合适的设计(边缘和端头采用圆形设计)、适当的选材和处理将有助于避免这些弧的出现。

(5) 化学溅射(Chemical Sputtering)[13]

化学溅射主要针对碳基第一壁材料而言。入射氢粒子与碳材料形成挥发性的碳氢化合物,入射氧粒子与其作用产生挥发性的 CO 与 CO_2。化学溅射甚至在低能粒子辐射下也能发生,在某些情况下,是一种比物理溅射更重要的材料腐蚀机制。

此外还有背散射[14]、反扩散[15]、表面起泡[16]、氢在晶界处析出[17]等机制。

2. 材料的损伤

等离子体与第一壁相互作用过程中,第一壁在承受高热负荷和粒子通量产生杂质的同时,将会发生一系列材料损伤,主要表现为以下两个方面。

(1) 面对等离子体材料(PFM)的溅射腐蚀和热腐蚀

面对等离子体材料的溅射腐蚀和热腐蚀,如局部烧蚀、融化、开裂和热疲劳等,以及带电粒子、中性粒子、中子和光子轰击引起的表面起泡和表面的喷射等现象。溅射腐蚀将会使得 PFM 发生减薄,这是面对等离子体部件(PFC)的使用寿命受到限制的主要因素之一。而蒸发和熔化(金属类 PFM 在重力和电磁力作用下会使熔融层流失)将会进一步缩短 PFC 的使用寿命。

(2) 辐照损伤

辐照损伤分为表面损伤和体损伤两种。表面损伤主要由带电粒子、中性原子和光子轰击引起，其主要形式有表面溅射、表面起泡和蒸发等现象。从聚变装置的角度来看，表面损伤的主要危害是造成对等离子体的杂质污染。体损伤主要是中子引起的。中子在材料中引起的两种基本物理过程是原子位移和核反应。主要损伤形式有材料活化、肿胀、力学性质和物理性质变化等[18]。这种损伤对材料整体产生损害，使其性能退化，并缩短了 PFC 的使用寿命，是造成材料本身损害、缩短其使用寿命的主要因素。

1.1.4 托卡马克装置中面对等离子体第一壁材料

目前各国建造的聚变实验堆基本都为 Tokamak 装置。Tokamak 是实现磁场约束等离子体的主要装置。ITER 是 Tokamak 装置中的典型代表，如图 1-2 所示。ITER 的内部构造包括：构成等离子体室的第一壁；偏滤器系统，功能是从 D-T（氘-氚）反应中取出氦；包壳系统，作用是将聚变能转化为热能，同时增殖燃料循环中所需的氚；其他还有如磁场屏蔽、容器结构及燃料和等离子体辅助热源系统等。ITER 系统第一壁结构材料和包层（Blanket）材料为 316 号不锈钢，传热部件用铜合金，面对等离子体第一壁材料（PFM）主要使用铍，偏滤器高热负荷材料用碳基材料和钨，最大场强达 11.2 T 的超导线圈用 NbSn 做成。现有的聚变材料很难满足未来聚变堆高温、高压和强中子辐照的苛刻条件，因此，聚变材料研究面临的任务是探索提高现有材料性能的途径和开发高性能的新型材料。ITER 的一项重要任务就是借助其运行来研究相关的聚变材料[19~21]。

1. 面对等离子体第一壁材料的总体要求

在热核聚变装置中，聚变等离子体的边缘与 PFM 有着强烈的冲刷作用，因此，PFM 必须达到以下几个方面的设计要求，才能从材料上保证聚变装置的正常运行。

(1) PFM 要有良好的导热性、抗热冲击性和高熔点。这是由于聚变反应堆在正常运行过程中，PFM 要受到高温等离子体的直接冲刷，承受一个很大的热负荷（正常工作时大约 5 MW/m^2，不稳定时达到 20 MW/m^2 以上）。所以为了防止 PFM 熔化及保证可靠运行，就要求 PFM 具有良好的导热性、抗热冲击性和高熔点。

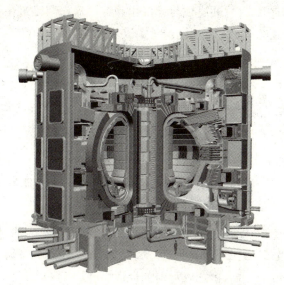

图1-2 ITER系统的内部构造示意图

(2)要求PFM有低的溅射产额,以保证等离子体的品质。要控制由物理溅射、化学溅射和辐照增强升华所产生的杂质数量。高原子序数(Z)的杂质主要是金属,如W、Mo等。它们因有较强的向中心约束区聚集的倾向而成为主要的功率损失源,结果使中心约束区的加热功率低于其辐射功率,形成电子温度的中空分布。对于反应堆,重杂质不能超过万分之几,否则不能自持嫩烧。低原子序数(Z)的杂质主要是氧、氮、碳、硼等。这些杂质很难控制,如果过多也会使等离子体不能燃烧。

(3)较低的氢(氘、氚)再循环作用,也就是对氢(氘、氚)较低的吸放气性。如果PFM保留大量的氢,那么这些氢就会在等离子体放电过程中进入等离子体,造成氢循环并逐渐加强。这种现象对聚变反应很不利,是要避免的。因此,在选择PFM时必须考虑到这种材料对氢(氘、氚)的吸放性。

(4)PFM应是低放射性材料。所谓低放射性材料是指被放射化后的放射能可以尽快地降低到安全水平的材料。核聚变不同于核裂变,由于其没有裂变产物而被称为是干净反应或干净能源,但是由于D-T反应产生的高能中子使PFM材料在被辐照损伤的同时也被放射化了,因此PFM要具有低的放射性[22~24]。

(5)工程设计要求。要求 PFM 易加工成型及安装。

在这些要求中,材料的腐蚀与再沉积和低的氚滞留是最主要的 PFM 选择标准。

2. 面对等离子体第一壁材料的选择

第一壁材料所希望具有的性能有:高热导率;高熔点;韧性好;高机械强度;高抗氧化能力;优良的抗热冲击性能;成本低;无毒性;低蒸气压;低出气率;低原子序数;低弹性模量;低溅射产额;低的燃料储存;低肿胀和发脆;低的热膨胀系数;低中子辐照活性;低的与氢化学反应等[25]。面对等离子体部件第一壁材料的选择是一项非常具有挑战性的工作,目前还没有任何一种材料可以同时满足以上性能要求。

目前,PFM 大致可以分为低 Z 材料和高 Z 材料两类。低 Z 材料主要是碳基材料、金属铍、碳化硼及碳化硅,高 Z 材料主要是钨合金、钼合金。表 1-1[25~26]列出了第一壁钨、铍和碳材料的性能。

在聚变研究早期,PFM 通常是采用钼、钨等高原子序数(高 Z)金属。虽然它们对氢离子的溅射阈值高达几百 eV,但若入射粒子为自身原子,且能量大于 1keV 时,自溅产额将大于 1,所以随着等离子体温度和密度的提高,高 Z 金属杂质进入等离子体将通过韧致辐射导致等离子体的能量损失,因而低 Z 材料得到重视。碳基材料和铍的共同点是低 Z,而等离子体对低 Z 杂质的容忍度高,杂质的浓度小于 3%。碳基材料目前广泛应用于核聚变装置中,主要是由于碳基材料具有高抗热震能力以及对异常事件(Off-normal Events),其中包括等离子体破裂(Disruption)、边缘区域模(ELMs)的高承受力等性能;再者,碳基材料的应用在各大装置中具有丰富的实验数据和经验。目前应用较多的是碳纤维增强碳基复合材料(CFC)。但碳基材料存在两大缺陷:其一,抗溅射能力较差,化学腐蚀率较大,从而缩短了使用寿命;其二,由于碳材料的存在带来的氚滞留等问题对氘氚燃烧等离子体影响很严重,目前还没有一种碳基材料能解决这个问题。铍一般应用于真空泵内壁,即普通第一壁(the Primary First Wall)。铍具有较高的热导、较好的力学性能、对等离子体污染较小及可作为氧吸收剂等优点。但其缺点也很明显:低熔点,抗溅射能力差,BeO 具有很强的毒性等。

随着人们对 Tokamak 边缘等离子体物理的深入理解和等离子体约束

水平的提高,以及偏滤器位形的发展,高 Z 材料尤其是钨作为面对等离子体材料又重新被重视,成为第一壁研究的热点。钨材料的最大优点就是熔点高、抗溅射能力强、不与 H 反应,以及低的氚滞留、寿命长等。但钨作为高 Z 材料依然面临着杂质容忍度低(比碳杂质小 2~3 个数量级),以及较差的抗热震能力等缺点。目前,人们对钨材料在 ASDEX-Upgrade 装置的内壁和偏滤器上的应用进行了大量的研究。研究结果表明,对高 Z 材料钨杂质可以进行有效的控制,杂质对等离子体品质没有较大影响[27~28],高 Z 材料作为 Tokamak 装置第一壁材料是可行的。

表 1-1 第一壁材料钨、铍和碳的性能

	钨(W)	铍(Be)	碳(CFC)
优点	①高熔点(3683℃) ②低的物理溅射率(溅射阈值高) ③高热导 ④低的氚滞留 ⑤低肿胀 ⑥无化学腐蚀(H 入射) ⑦有原位等离子体修复的可能性 ⑧成熟的连接工艺	①与等离子体的相融性好(低 Z,消除破裂的密度极限,减少逃逸) ②较高的热导率 ③有原位等离子体修复的可能性 ④强吸氧能力 ⑤低活性 ⑥无化学溅射 ⑦成熟的连接工艺	①高抗热震和热疲劳能力 ②高温下升华而不熔化 ③低 Z ④装置中使用的大量经验 ⑤高热导
缺点	①高 Z(等离子体中允许存在浓度低) ②氧杂质入射引起化学腐蚀 ③低温脆性 ④高温重结晶 ⑤随着温度升高,强度下降显著	①低熔点(1250℃) ②高物理溅射产额,耐腐蚀性差,寿命短 ③ 800℃ 以上耐氧化性差 ④BeO 剧毒,需要采取特殊的安全措施 ⑤耐中子辐照能力低(肿胀,高的 He 产生率及发脆)	①氚储存量大 ②高温下辐射升华增强 ③物理溅射阈值低 ④高化学腐蚀降低材料寿命 ⑤高的氚滞留能力 ⑥产生灰尘 ⑦需要特殊的壁清洗处理
ITER 中的应用区域	偏滤器靶板,顶盖 (Baffle,Dome)	第一壁 (First Wall)	偏滤器高通量区 (Strike Point)

1.2　W基面对等离子体第一壁材料

普通结构材料,例如铁、铝基合金,具有很好的可塑性及低温下高强度,而难熔金属及其合金具有很好的高温强度。尽管 W 以及 W 合金具有许多优异的性能,但在核聚变装置中应用还存在很多问题。

1. 低温脆性

由于 W 晶粒之间结合强度较低,裂纹很容易沿着晶界产生并扩展,因此,具有体心立方结构(bcc)的 W 在室温下是典型的脆性材料。W 的韧脆转变温度 DBTT(Ductile-to-Brittle Transition Temperature)是一个特定的温度区间,与材料微结构、应力-应变状态、位错、杂质以及试样的表面光洁度有关。未合金化 W 的 DBTT 大约为 373K~673K[29],而大多数 W 基合金(W-Cu,W-Ni-Fe 等)的 DBTT 低于室温。通过塑性变形,W 的 DBTT 能够下降,而通过退火处理,W 的 DBTT 上升。经过热轧后的 W 的 DBTT 大约为 373K~473K,而重结晶后的 W 的 DBTT 能高达 633K。合金中由于少量的 O、C、N 的存在,在晶界上因出现析出物(precipitation)而弱化晶界,使得合金的 DBTT 上升。但是有些化合物的生成能够增强晶界,使穿晶解理断裂的面积增加,从而提高了合金的强度[30]。

2. 重结晶和高温强度

当 W 合金的温度超过重结晶温度时,晶粒尺寸增加,材料的硬度和强度下降。W 的重结晶温度主要取决于塑性变形以及添加物,其范围大约为 1423K~1623K。在核聚变装置中,面对等离子体第一壁的温度常常会超出这个温度范围,因此有必要提高 W 合金的重结晶温度以便 W 合金能更好地应用在聚变装置中。另一方面,重结晶后 W 合金的 DBTT 上升[31~33]。重结晶不仅导致材料的高温强度下降,而且使材料的低温脆性增加。研究表明,重结晶是可控的,控制重结晶的程度及晶粒长大是一种可行的途径。如何提高重结晶温度及如何控制重结晶的程度来减小其产生的性能损失是目前研究的热点内容。

3. 中子辐射效应

W 经过中子辐射后性能下降是其在核聚变反应应用中较严重的问题。中子辐射后材料的 DBTT 升高[34]。即使中子流强度很低,其产生的辐射硬化也相当严重。辐射后的 W 在室温下的脆性更大,DBTT 升高。辐射必然导致 W 材料的成分及性能发生变化,而辐射所产生的膨胀、沉积物、偏析都会对材料的性能产生影响。

1.3 钨基材料的现状

钨以纯金属状态和合金系状态广泛应用于现代技术中。合金系状态中最主要的是合金钢、以碳化钨为基的硬质合金、耐磨合金和强热合金。在钢铁产业中广泛采用的高速钢含有 9%～24% 的钨、3.8%～4.6% 的铬、1%～5% 的钒、4%～7% 的钴、0.7%～1.5% 的碳。高速钢的特点是在高的强化回火温度（700℃～800℃）下,空气中能自动淬火,因此,直到 600℃～650℃它还保持高的硬度和耐磨性。合金工具钢中的钨钢含有 0.8%～1.2% 的钨;铬钨硅钢含有 2%～2.7% 的钨;铬钨钢中含有 2%～9% 的钨;铬钨锰钢中含有 0.5%～1.6% 的钨。含钨的钢可用于制造各种工具,如钻头、铣刀、拉丝模、阴模和阳模,气支工具等零件。钨磁钢是含有 5.2%～6.2% 的钨、0.68%～0.78% 的碳、0.3%～0.5% 的铬的永磁体钢。钨钴磁钢为含有 11.5%～14.5% 的钨、5.5%～6.5% 的钼、11.5%～12.5% 的钴的硬磁材料。钨磁钢和钨钴磁钢都具有高的磁化强度和矫顽磁力。

钨的碳化物具有高的硬度、高的耐磨性和难熔性。碳化钨基硬质合金含有 85%～95% 的碳化钨和 5%～14% 的钴。钴是作为黏结剂金属,使合金具有必要的强度。碳压钨基质合金主要用于加工钢的某些合金中,还含有钛、钽和铌的碳化物。所有这些合金都是用粉末冶金法制造的。当加热到 1000℃～1100℃ 时,它们仍具有高的硬度和耐磨性。硬质合金主要用于切削工具、矿山工具和拉丝模等。硬质合金刀具的切削速度远远超过了最好的工具钢刀具的切削速度。

钨作为最难熔的金属成为许多热强合金的成分之一,如 3%～15% 的钨、25%～35%的铬、45%～65%的钴、0.5%～0.75%的碳组成的合金，主要用于耐磨零件，例如航空发动机的活门、压模热切刀的工作部件、涡轮机叶轮、挖掘设备、犁头的表面涂层。在航空火箭技术中，以及要求机器零件、发动机和一些仪器具有高热强度的其他部门中，钨和其他难熔金属（如钽、铌、钼、铼）的合金被用作热强材料。

用粉末冶金方法制造的钨-铜合金（10%～40%的铜）和钨-银合金，兼有铜和银的良好导电性、导热性和钨的耐磨性。因此，它成为制造闸刀开关、断路器、点焊电极等工作部件非常有效的触头材料。成分为90%～95%的钨，1%～6%的镍，1%～4%的铜的高比重合金，以及用铁代铜（约5%）的合金，适用于制造陀螺仪的转子、飞机控制舵的平衡锤、放射性同位素的放射护罩和料筐等。

钨以钨丝、钨带和各种锻造元件的形式用于电子管生产、无线电电子学和X射线技术中。钨是白炽灯丝和螺旋丝的最好材料。高的工作温度（2200℃～2500℃）保证高的发光效率，而小的蒸发速度保证丝的使用寿命。钨丝用于制造电子振荡管的直热阴极和栅极、高压整流器的阴极和各种电子仪器中旁热阴极加热器。用钨做X光管和气体放电管的对阴极和阴极，以及无线电设备的触头和原子氢焊枪电极。钨丝和钨棒可作为高温炉（3000℃）的加热器。

钨酸钠用于生产某些类型的漆和颜料，以及纺织工业中用于布匹加重和与硫酸铵和磷酸铵混合来制造耐火布匹和防水布匹，还用于金属钨、钨酸及钨酸盐的制造以及染料、颜料、油墨、电镀等方面，也用作催化剂等。钨酸在纺织工业中是媒染剂与染料，在化学工业中用作制取高辛烷汽油的催化剂。二硫化钨在有机合成如合成汽油的制取中用作固体的润滑剂和催化剂。处理钨矿石的时候可得到三氧化钨，再用氢还原三氧化钨制得钨粉，广泛用作钨材及钨冶金原材料。

钨基材料是一类以钨为基（含钨量为85%～99%）并添加有Ni、Cu、Fe、Co、Mo、Cr等元素的合金，其密度高达$16.5g/cm^3$～$19.0g/cm^3$，被世人通称为高比重合金、重合金或高密度钨合金。此外，它还具有一系列优异的机械性能，如强度高、硬度高、延性好、韧性好、机加工性好、热膨胀系数小、抗腐蚀和抗氧化性强、导电导热性好、可焊性好等，在尖端科学领域、国防工业和民用工业中都已得到非常广泛的应用[29]。20 世纪 30 年代,英国的研究人员用液相烧结制出了用于镭辐射屏蔽的钨-镍-铜材料。经过 70 多年的研究,钨基合金的种类大大增加,例如钨-镍-铁,钨-镍-铬,并在三元合金的基础上发展了四元、五元等多元合金系列[35],还有钨-铜复合材料,以及加入稀有金属的氧化物,或者加入碳化物(碳化钛、碳化锆等)形成的新的钨基材料。ITER(International Thermonuclear Experimental Reactor)组织因其特殊的实验环境要求,需要在较大范围内使用钨及钨基材料,因而 W-Cu、W-Re 等合金以及钨涂层的性能成为主要研究课题,更加推动了钨基材料的应用研究发展。

1.3.1　W-Ni-Me 系合金

W-Ni-Me 系合金的代表是 W-Ni-Cu 和 W-Ni-Fe 合金,以高密度、高强度和高塑性为特征。这类合金材料主要应用其高密度特性,例如平衡、旋转惯性、X 射线或者 α 射线屏蔽、保护材料。早期对 W 基重合金的应用主要是作为反坦克大能量穿透物,用于弹道系统中。W 重合金中最主要的组元是 W,它的百分含量一般为 90wt%～98wt%。当百分含量为 93wt% 时,材料的拉伸强度达到最大。在 W-Ni-Fe 合金中,其他的合金成分是:Ni:1wt%～7wt%,Fe:0.8wt%～3wt%,Mo:0wt%～4wt%。Ni 与 Fe 含量比在 1:1 到 4:1 之间,最佳的比值是 7:3。Ni 和 Fe 作为基体的黏结相,将脆性钨颗粒黏结在一起,使合金具有较好的塑性,易于机械加工。在 W-Ni-Cu 重合金中其他合金组元为:Ni:1wt%～7wt%,Cu:0.5wt%～3wt%,Fe:0wt%～7wt%。它们的强度和塑性低于同类的 W-Ni-Fe 合金,但 W-Ni-Cu 的熔点很低,仅有 1323K。这类材料具有好的导电、导热、低热膨胀及非磁性能。W-Ni-Cu 合金由于其优异的物理机械性能,在军事和其他尖端科学技术部门被广泛应用。上世纪 60 年代初,中南工业大学与株洲硬质合金厂率先研制成功 W-Ni-Cu 高密度合金,满足了国产飞机的陀螺导航和第一颗人造卫星上的需要。此外,由于 W-Ni-Cu 高密度合金拉伸强度高、密度大、膨胀系数小、无磁性,而在宇航、仪表、机械等部门得到广泛应用。另一类合金是 W-Ni-Fe 合金。与 W-Ni-Cu 合金相比,这类合金除了具有高的密度外,在力学性能方面具有很大的优势,如其拉伸强度、延性和冲击韧性都比 W-Ni-Cu 合金高得多,尤其是延性和冲击韧性[36],因此多用于国防和军工领域。

1.3.2　W-Cu 复合材料

钨具有高的熔点、低的线膨胀系数和高的强度,铜具有很好的导热性能和导电性能。两种金属各有所长。但钨、铜互不相溶,因此 W-Cu 并非真正的合金。通过粉末冶金技术制造的钨铜复合材料兼具钨、铜的优点,可以满足许多领域的使用要求。改变钨和铜的成分比例,热膨胀系数可控制在 $6 \times 10^{-6} K^{-1} \sim 12 \times 10^{-6} K^{-1}$。两者结合用于真空断路器,可以满足真空断路器大容量开断的要求,还可用作大规模集成电路和微波器件中的散热元件[38]。钨铜复合材料在军事上的一些用途正在研究,例如作为电磁炮的导轨材料、破甲弹的药罩等。钨铜功能梯度材料是以 W-Cu 复合材料为基础开发的一种新型材料,一端是钨,一端是铜,中间是逐渐过渡的钨铜复合层,其优点是能够很好地缓和由于钨与铜热性能不匹配而造成的热应力,整体上有较好的力学性能、抗烧蚀性、抗热震性等综合性能[39]。在 W-Cu 复合材料中,Cu 的含量不超过 40wt%。复合材料可以通过熔渗法制造,而对于高 Cu 含量的 W-Cu 复合材料,粉末冶金是唯一的办法。W-Cu 梯度热沉材料具有高导电导热、低相匹配热膨胀系数、高强度等一系列优异的综合性能,具有良好的应用前景[40~41]。粉末冶金法是制备功能梯度材料的一种简便而有效的方法。但由于 W 和 Cu 密度、熔点等物理性能差异很大,采用普通粉末叠加法很难制备出致密的 W-Cu 梯度功能材料,必须改进工艺,才能制备出高性能的 W-Cu 梯度功能材料。研究表明,W-Cu 粉末粒度越小、越均匀,其烧结性能特别是致密化程度越高。纳米晶粉末的晶粒超细(100nm 以下),其相界面或晶界积聚着一定的过剩自由能,当满足一定的热激活条件(有时甚至是室温)时,就会通过晶粒长大而释放出过剩的自由能,烧结动力远远高于普通粗晶材料[42~43]。

种法力等[45]采用真空等离子体喷涂—电子束焊接法制备出成分均匀、分布、密度较高的核聚变面对等离子体 W-Cu 功能梯度材料。通过电子束辐照热负荷实验发现,在 $8MW/m^2$ 的热负荷条件下,样品可以承受 20s 的辐照;在 $2.5MW/m^2$、$4.5MW/m^2$、$6MW/m^2$ 的热负荷条件下,样品可分别承受 26s、22s、20s 的辐照而没有出现明显的损伤现象。样品疲劳实验也表现出很好的性能:8MW/m², 10s 辐照, 可以承受 70 周热疲劳; 6MW/m², 20s 辐照, 在第 90 周裂纹开始形成; 在热负荷 2.5MW/m², 辐照时间为 30s 和热负荷为 4.5MW/m², 辐照时间为 25s 条件下, 样品经过 100 周热疲劳实验, 均没有出现明显的损伤现象。爆炸喷涂法[46]也是制备 W-Cu 材料的一种有效途径。电子束辐照热负荷实验发现: 0.3mm 的钨涂层可以承受 5.13MW/m² 的热通量; 在 2MW/m²、20s 脉冲的条件下, 样品能承受 300 周的疲劳而没有出现破裂现象, 且距离表面 5mm 处铜基体的温度在 70℃ 左右; 在 5MW/m²、2s 脉冲的条件下, 样品可承受 95 周热疲劳, 且距离表面 5mm 处铜基体的温度不高于 200℃[47]。钨铜的热膨胀系数和杨氏模量相差很大, 在加载热通量的过程中, 界面处产生应力, 将降低材料的耐热冲击性能。这也是等离子及爆炸喷涂 W-Cu 材料所要解决的关键问题。

1.3.3 W-稀土氧化物合金

钨熔点高(3650K), 电子发射能力强, 弹性模量高, 蒸气压低, 故很早就被用作热电子发射材料。但是, 纯金属钨极的发射效率很低, 且在高温下再结晶形成等轴状晶粒组织而使钨丝下垂、断裂。为克服上述缺点, 以钨为基, 掺杂一些电子逸出功低的稀土氧化物, 既能提高再结晶温度, 又能激活电子发射[48]。通常加入的氧化物(如 Ce_2O_3、La_2O_3、Y_2O_3 等)含量为 2wt%, 广泛应用于惰性气体保护焊接和等离子焊接及切割、喷涂、熔炼、化学合成等众多工业领域。由于稀土金属氧化物具有优良的热电子发射能力, W-氧化物电极材料被誉为等离子体发生器的"心脏"[49]。此外, Mabuchi M. 等[50~52]通过粉末冶金的方法制备了 W-0.8wt% La_2O_3 复合材料, 其具体工艺为: 在氢气保护气氛中以 100K/s 的速度加热到 2073K, 烧结完成后, 烧结体在 1027K~1873K 的温度区间热轧成 1mm 厚的薄片。在热轧的过程中, W-La_2O_3 变形高达 97%。热轧后的薄片为了重结晶, 分别在 1273K、1773K、1973K 温度下退火 1h。对纯 W 进行上述相同的操作, 以作为比较。轧制的 W-La_2O_3 的强度和纯 W 的强度相同, 退火后的 W-La_2O_3 的强度提高显著, 而轧制和退火后的 W-La_2O_3 的脆性明显下降。通过分析 W 和 W-La_2O_3 的微观组织结构可以发现, 压轧后的纯 W 和 W 合金在

1273K 退火时，晶体形貌已经发生了很大的变化。在 1773K 和 1973K 退火的纯 W 材料的晶粒变成等轴状。这说明 W 的重结晶温度不会高于 1773K。对 W-La$_2$O$_3$ 合金而言，轧制及 1973K 下退火后的试样的结构与纯 W 在相同条件下几乎一样。但是，在 1773K 和 1973K 下退火的 W-La$_2$O$_3$ 的晶粒在轧制方向上明显地伸长。这说明在重结晶过程中，沿着轧制方向和垂直轧制方向上的晶粒生长是不同的。在垂直于轧制方向上的晶界移动的阻力要高于沿着轧制方向上的。在 1773K 和 1973K 温度下退火，由于在平行于轧制方向晶界上的 La$_2$O$_3$ 颗粒的影响，垂直方向上的晶粒生长被严重制约，没有出现等轴晶粒，而在轧制方向上出现了明显被拉长的晶粒。升高退火温度和延长退火时间，重结晶发生，但晶粒长大不明显。由于 La$_2$O$_3$ 颗粒的钉轧作用，即使退火温度达到 2273K，退火速度达到 108K/s，重结晶也不能完全进行。

1.3.4 TiC 和 ZrC 增强钨基复合材料

钨以其固有的高熔点、高硬度、耐磨、耐腐蚀、抗热震、优良的高温强度和导热性而被广泛应用。为了进一步提高钨合金的高温性能，研究人员向钨中加入 TiC、ZrC 等碳化物形成碳化物增强钨基复合材料，但是第二相的加入量较少，不超过 3%，而对于高含量的第二相增强的钨基复合材料的研究较少。宋桂明等[53]用粉末冶金法制得了组织均匀的体积含量为 30% TiC$_p$/W 和 30%ZrC$_p$/W 的两种复合材料。结果表明，碳化物颗粒阻碍了 W 晶粒在烧结过程中的长大，并且随着温度的上升，复合材料的强度在开始时是逐步提高的，TiC$_p$/W 和 ZrC$_p$/W 分别在 1000℃ 和 800℃ 有最高强度，与各自的室温强度相比，提高显著，而后随着温度继续上升，强度下降。复合材料这种奇特的高温强度变化是由于 W 基体随温度提高由脆性转化为塑性，使得 TiC 和 ZrC 颗粒在高温下对塑性 W 基体的增强作用愈加显著，导致复合材料有极好的高温强度。而 TiC 颗粒比 ZrC 颗粒对 W 基体有更好的高温增强效果。Kurishita 等[54~62]通过高能球磨、热等静压以及后续热锻和热轧工艺制备了 TiC$_p$/W 复合材料。在热等静压前，W 和 TiC 粉末要经过高能球磨处理，球磨后 W 和 TiC 的粒度明显下降，晶粒尺寸达到纳米级。烧结后，W 的晶粒尺寸受 TiC 颗粒含量和热等静压温度的控制。TiC 颗粒大多集中在晶界,尺寸从几纳米到几十纳米。经检测,纯 W 的 DBTT 不超过 544K,而 W-0.2wt%TiC 仅仅为 440K,这表明 TiC 颗粒能够使合金的 DBTT 下降。W-0.2wt%TiC 样品分别加热到 2073K、2273K、2473K 并保温 1h,利用 TEM 在加热温度下观察样品的显微结构变化。结果表明,W-0.2wt%TiC 的重结晶温度约 2273K~2473K,比纯 W 的重结晶温度高出 850K。TiC 颗粒能够明显提高合金的重结晶温度。高温下,晶界上的 TiC 颗粒能有效抑制合金中晶界的移动。TiC 的含量越高,这种钉轧作用越明显。将 W-0.5wt%TiC 样品在 2473K 的温度下保温 1h。显微结构分析表明,W 晶粒没有重结晶和晶粒长大现象,这意味着 TiC 颗粒含量较高的 W-0.5wt%TiC 的重结晶温度将高于 2473K。

1.3.5 W-Re 合金

固溶强化是一种较常用的合金强化方法,其性能较未合金化材料有明显提高。在 W 中加入铼(Re)进行固溶强化是目前较为有效的提高 W 合金材料性能的一种方法。Re 的加入不仅提高了材料的低温韧性,同时也提高了高温强度和塑性。Re 增加了晶粒组织的稳定性,提高了重结晶的温度,减轻了重结晶脆性的程度。W-5%Re 材料的 DBTT 是 323K~473K,同时它的重结晶温度高于 1773K,合金的组织性能明显提高。Re 的塑性作用被认为是在高含量时才具有,但由于含量增加到固溶极限(约 27wt%),硬而脆的 σ 相的形成,使得材料脆性增加。如果 Re 的含量低于固溶极限,如 W-26wt%Re,则其硬度比纯 W 高 20%,拉伸强度比纯 W 高 200%,重结晶后具有细晶结构,在室温下表现为塑性变形。

但是,Re 的价格昂贵,这使得 W-Re 合金的应用受到限制,因此要尽量降低 Re 的含量。W-5wt%Re 的断裂韧性以及抗蠕变性能在 1773K~2173K 时要优于 W-10wt%Re。寻找便宜的金属来替代 Re 是降低材料成本的另外一条途径,像 Tc、Ru、Ti、Co 等金属被加入到 W 中,又形成了一大批 W 合金。

钨中加入铼能提高其蠕变强度和再结晶温度。当铼含量达到 25% 时,钨铼合金高温强度达到最大值。再结晶后的钨铼合金 W-26wt%Re,DBTT 值接近室温[63]。当铼含量下降到 0 时,DBTT 值上升至 350℃。此外,热加工对钨铼合金的装配和最终应用前是非常有利的[63]。钨铼合金的抗腐蚀性能与机械热疲劳变化规律相反,随着铼含量的增加而降低。同不加铼的钨合金相比,单相的 W-5%Re 合金仍然具有较高的热传导率、优良的抗热冲击和热疲劳性能、抑制再结晶、高强度以及较好的焊接性能和加工性能。

如果在烧结后进行足够的冷热加工,W-5%Re 的韧脆转变温度将会降低到室温。由于其较好的化学稳定性,W-5%Re 主要作为热电偶使用;W-10%Re 作为高原子涂层用以承受极高的热冲击,例如 X 射线靶的顶层。需要注意的是,W 和 W-5%Re 的热扩散率随着温度的升高而降低,而 W-10%Re 和 W-25%Re 的热扩散率则随温度升高而轻微增加[64~65]。

1.3.6 W-Mo 合金[65]

W 和 Mo 均具有相当好的热物理性能和机械性能,比如高熔点、高热导率、低蒸气压等,是较先考虑用做 PFM 的材料。W、Mo 在 DBTT 以下时,脆性较大,难于进行机械加工。TEXTOR 装置的一项实验表明,在低于 DBTT 时对 W-Mo 合金的限制器进行操作,发现有一条较深的裂纹贯穿于整个限制器。在较高的温度下,W 材料的限制器仍然很容易损坏。在高能粒子作用下,W 材料限制器的表面会出现局部熔化,而等离子体冷却所产生的电磁场力将会使限制器表面的 W 溅出。当 W 限制器预热到 500℃时,再经辐射,则不会发生类似的损害。但如果 20MW/m² 的热负荷持续进行,不论冷却系统的好坏,W 都将熔融。因此,高温下应用高原子序数的 W、Mo PFM 依然不被看好。

1.3.7 钨涂层

随着科学技术的发展,各个领域对钨的应用需要复杂多变。ITER 组织进行的研究中,除了 W-Cu、W-La$_2$O$_3$、TiC/W、W-Re 等钨合金外,对于钨涂层的研究也取得了进展。涂敷方法有化学气相沉积法(Chemical Vapor Deposition,CVD),物理气相沉积法(Physical Vapor Deposition,PVD),等离子体喷射沉积法(Vacuum Plasma Spray Deposition,VPS),将涂层沉积在材料为石墨、铜或者铜合金的基体上。

化学气相沉积可以在曲形表面上进行涂敷,使钨涂层的使用范围大大扩大。CVD涂层与烧结的纯钨相比,杂质含量也较低。但是CVD技术沉积速率较低,限制了获得较厚涂层。另外,化学气相沉积成本较高。

采用不同的技术参数在石墨基体上利用等离子喷涂方法可以获得厚度为 100 μm~550 μm 的涂层,利用物理气相沉积方法可以得到厚度为 20 μm~100 μm 的涂层,并在 ASDEX(Axially Symmetric Divertor Experiment)升级托卡马克实验中经受热流的冲击。实验结果表明,等离子喷涂的涂层能够承受 $15MW/m^2$ 的热流量达 2s 的脉冲时间,并且没有结构变化,而 PVD 涂层在较低的能量下就已经形成裂纹或者轻微熔化。造成这种现象的原因就是等离子喷涂的涂层中较多的孔隙对裂纹形成阻碍机制[66]。

1.3.8 W基面对等离子体材料的选择

考虑到核聚变会产生大量的热量,因此有必要发展难熔金属以满足相应设备的需要。在 DBTT 与重结晶温度之间的温度区间推荐使用高原子序数的 PFM。从以上分析来看,W 基材料是较好的选择。纯 W 材料主要作为 W 源,CVD 及等离子溅射靶材。W-Cu 材料具有较好的热导及低温塑性,因此被用作热沉材料。W-TiC 复合材料的 DBTT 较低,重结晶温度高于 2000℃(例如:W-0.2%TiC 的 DBTT 约 167℃,重结晶温度为 2000℃~2200℃),因此适合应用于面对等离子体第一壁材料。

1.4 钨基材料的制备方法

制备钨基合金首先考虑的是制粉。制备出超纯、超匀和超细颗粒的合金粉末是非常关键的第一步。粉的纯度、粒度对制备细晶全致密的高性能合金起着决定性的作用。采用纳米粉末可望大大细化 W 晶粒,从而大大提高合金的强度、延性与硬度等力学性能[67]。目前纳米技术的日益推广为钨基合金赋予了更加广泛的用途。

1.4.1 粉体制备方法[68]

难熔钨合金纳米粉末的制备方法有多种,目前研究得比较深入的有机械合金化(Mechanical Alloying)、喷雾干燥法(Spray Drying 或 Spray Conversion Process)、溶胶-凝胶法(Sol-Gel)、冷凝干燥法(Freeze Drying)、化学气相沉积法(Chemical Vapor Deposition,CVD)、反应喷射工艺制粉法(Reaction Spray Process,RSP)、机械化学合成法(Mechano-chemical-Synthesis)、机械热化学工艺合成(Mechano-thermo-chemical Process)、真空等离子体喷射沉积(Vacuum Spray Consolidation Process)等方法。

1. 机械合金化

机械合金化简称 MA,它是将需要制备的合金各金属元素粉末在搅拌、行星或转子高能球磨机中进行球磨,并在球磨过程中采用气体保护以防止粉末氧化。在 MA 过程中,利用金属球对粉末体的碰撞而使粉末晶体细化,从而得到纳米晶的预合金混合粉末。同时在 MA 过程中粉末体反复混合、碰撞,致使温度升高,进而发生反复冷焊与撕裂,使各元素粉末的混合达到非常均匀的程度,元素粉末之间发生互扩散,形成具有一定溶解度或较大溶解度的超饱和固溶体和非晶相。由于采用该技术制备的纳米粉末具有以上一些特点,并且设备工艺简单,易于操作,适于大批量的生产等,因此机械合金化是研究最为广泛、最为热门的一种技术。目前人们对 MA 工艺及其过程都做了较为深入的研究。对 W-Ni-Fe 混合粉末进行机械合金化时,由于粉末的反复撕裂、冷焊,新生原子级界面的生成和原子在此界面上的扩散,致使粉末达到原子级的均匀混合状态,并形成超饱和固溶体和 C-(Ni,Fe)的非晶相。MA 的主要缺点是易引入杂质,粉末易成团、成块,黏壁现象严重。

2. 喷雾干燥法

喷雾干燥法即热化学合成法,是将溶液通过物理手段进行雾化进而获得超微粒子的一种化学与物理相结合的方法,包括原始溶液制备与混合、喷雾干燥和流化床转换三个阶段。首先将多种金属盐溶液混合,得到混合溶液,然后将仲钨酸铵、偏钨酸铵与其他金属如 Ni、Fe、Cu 的金属盐水溶液混合后送入雾化器,由喷嘴高速喷入干燥室获得金属盐的微粒,收集后进行焙烧即得到纳米晶氧化物复合粉末前驱体的超微粒子,形状类似于壳状的球形粉末。然后将前驱体粉末在一定的条件下经过还原或炭化,即可得到所需成分的单组元、多组元的合金复合粉末或碳化物。喷雾干燥法最适合于大批量生产,工艺过程控制简单,且不引进其他异类杂质。但粉末前驱体的还原过程控制很重要。

3. 溶胶-凝胶法

该方法的基本原理是将易于水解的金属化合物(无机盐或金属醇盐)在某种溶剂中与水或其他物质发生反应,经水解与缩聚过程逐渐凝胶化,再经干燥煅烧和还原等后续处理得到所需的材料。其基本反应有水解和聚合反应,可在低温下制备纯度高、粒度分布均匀、化学活性高的单组分及多组分混合物(分子级混合)。

4. 冷凝干燥法

其原理是以金属盐为原料,首先制备含多种金属盐溶液的混合溶液,用沉淀法制备氢氧化物的溶胶。含水物料在结冰时可使固相颗粒在水中保持均匀状态,冰升华时,固相颗粒不会过分靠近而发生团聚。该方法的主要特点是,生产批量大,特别适合于大型工厂制备超微颗粒,设备简单,成本低,颗粒成分均匀,但易于引入 S、O 等夹杂。

5. 化学气相沉积法

化学气相沉积法是以金属氯化物或羰基化合物为原料,在气相中进行化学反应,经还原化合或分解沉积制备难熔金属化合物、各种金属复合粉末和涂层的方法。其特点是工艺过程可控,粉末纯度高。

6. 反应喷射沉积工艺制粉法

反应喷射沉积(简称 RSP)方法可以采用一步工艺直接制备纳米晶多组元的预合金粉末。采用此方法所制备的钨基合金复合粉末,具有高的烧结活性,在黏结相熔点温度以下烧结可以得到晶粒非常细的显微组织结构。

7. 机械化学合成法

该方法可以用于合成纳米 WC 粉末。

8. 真空等离子体喷射沉积

采用真空等离子体喷射沉积,可以制备单组元或多组元的 W 及钨合金粉末或涂层。该方法的基本原理是:按所需制备合金的成分配比,首先得到钨及钨合金混合粉末,再将高熔点混合粉末熔融并作为单一体合喷,最后采用真空等离子体沉积制备钨基合金粉末或涂层。

1.4.2 主要烧结方法

钨基重合金的烧结是十分重要的环节。烧结工艺对合金的相对密度、晶粒大小、偏析、组织形貌等有很大的影响。烧结过程中,烧结温度、烧结时间、烧结气氛、冷却速度是主要的工艺参数,它们对合金的密度、组织结构和力学性能有非常重要的影响[69]。

1. 液相烧结

液相烧结是指钨粉在有其他合金元素存在时,在低于钨的熔点、高于其他合金元素熔点的温度下进行的烧结。液相烧结是钨基合金传统的烧结方法,烧结时的温度和保温时间对合金的均匀性有很大影响。合金中钨的含量决定烧结温度,合金构件的尺寸和大小决定烧结时间,最佳烧结时间为60min~90min[69]。但是由于液相烧结温度较高,容易发生回复与再结晶,因此采用传统液相烧结的方法难以控制 W-Ni-Fe 纳米晶的结构[70]。Kuan-Hong Lin[71]等用液相烧结的方法,在1500℃烧结 W-Mo-Ni-Fe 合金。结果发现,随着烧结时等温保温温度的升高,基体相中钨的浓度降低,而钼的浓度增加,并且沉淀析出的金属间相的成分受钨合金的成分和烧结后冷却速率的影响。

液相烧结时,粗坯中的固相体积分数、两面角、孔隙率,以及孔隙的尺寸都对烧结过程中的致密化和变形有重要影响[72]。

2. 固相烧结

固相烧结是对应于液相烧结的一种烧结方法。钨基重合金在采用液相烧结时,其烧结温度高、晶粒极易发生长大。且在烧结过程中固液密度差别大,在重力作用下产生黏性流动,发生钨晶粒"偏析",试样容易发生严重的坍塌变形。对性能、组织的均匀性要求高、尺寸精度要求严或外形结构复杂的零件,液相烧结的应用受到较大的限制。固相烧结由于可以避免液相烧结过程中的液相流动和钨颗粒下沉,能减少或消除试样变形,其工艺具有实用价值。但由于固相烧结相对密度较低,强度与液相烧结相比也要低得多,必须配合采用一些其他手段才行。利用高能球磨技术,以及高压成形+低温烧结技术可以提高相对密度[73]。Ho J. Ryu 等[73]将 93W-5.6Ni-1.4Fe 合金在1300℃,氢气保护气氛下烧结1h后,钨晶粒直径大约3μm,相对密度99%以上,屈服强度约1100MPa。图1-3和图1-4分别为液相烧结和固相烧结的SEM。

图1-3 直接混粉液相烧结钨合金的SEM[72]

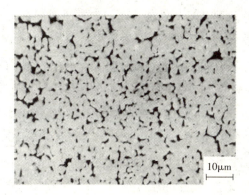

图1-4 机械合金化制粉固相烧结钨合金的SEM[72]

3. 熔渗法(熔浸法)

熔渗法是先制备一定密度、强度的多孔基体骨架,再渗以熔点较低的金属填充骨架的方法。其机理主要是:在金属液润湿多孔基体时,在毛细管力作用下,金属液沿颗粒间隙流动填充多孔骨架孔隙,从而获得综合性能优良的材料,特别是对改善材料的韧性很有好处。该方法一般用于钨铜合金的烧结。用熔浸法制备高钨含量、高致密的钨铜材料的关键技术就是怎样获得一定相对密度的钨骨架[74~75]。制备高密度钨骨架主要有以下三种方法:高温烧结;挤压成形;注射成形。该方法的缺点是容易形成粗大不均匀组织[76]。

4. 活化烧结

活化烧结是指采用物理或化学的手段使烧结温度降低、烧结时间缩短、烧结体性能提高的一种粉末冶金方法。一般向钨粉中加入活化剂,在低于添加剂熔点的温度下以固态的方式烧结。常用的方法是将活化元素以盐的水溶液形式加入钨粉中,混合后烘干还原,在钨颗粒上形成均匀的金属涂层,然后冷压成型烧结或者直接热压烧结[78]。钨铜合金中,Co、Ni、Fe、Pd 有明显的活化烧结作用,但是活化剂的加入对热导性、电导性有较大的损害[77]。

1.4.3 钨基材料制备新技术

随着钨基合金应用范围的扩大,对钨基合金性能的要求越来越高,一些新技术的诞生可以满足较高的性能要求。粉末注射成型技术(Powder Injection Molding,PIM),与传统的金属精密铸造相比,不仅精度高、组织均匀、性能优异,而且生产成本只有传统工艺的 20%～60%。注射成型钨铜复合合金粉末的技术经实验结果显示,脱脂后的 PIMW-15Cu 坯在高纯氢中 1500℃下保温 90min～120min,最终样品的相对密度为 98.8%,横向断裂强度高达 1492MPa[78]。纳米粉末注射成型坯在 1300℃～1450℃进行固相烧结后,可以得到近全致密(大于 99%)、晶粒细(3 μm～5 μm)、抗拉强度高(1130MPa)和几乎无变形的高密度合金[73]。

功能梯度材料是通过两种或两种以上性质不同的材料连续改变其组成和结构等要素,使其内部界面消失,得到性能呈连续变化的新型非均质材料。梯度材料的烧结致密化工艺与传统的粉末冶金类似,分为固相烧结、液相烧结和浸渍。对钨铜梯度材料可以用热压的液相烧结(铜少于 50%)或固相烧结[79]。

制备钨基合金还有其他一些新的技术,例如等离子喷涂、激光熔覆、离心铸造、微波烧结、低温热压法、放电等离子体快速烧结、电弧熔炼法以及钨铜基复合材料的快速定向凝固技术、原位反应铸造法等。

1.5 钨基材料的强化研究

国防工业和科学技术的发展,对穿甲弹和反坦克弹芯提出了更高的要求,在钨合金的其他应用领域也是如此。如何进一步提高高密度合金的强度、硬度、延伸率以及动态力学性能成为一个很热门的研究方向。通常考虑的是从成分配比、成形方法以及烧结方法和烧结后的热处理等制备工艺入手,不断改进,以提高钨基合金的性能,主要是钨及钨合金种类的研究与开发,包括钨粉的净化、细化、强韧化、复合强化研究[80]以及钨合金强化的理论研究等方面。净化目的,是提高粉的纯度;细化研究,是为了获得超细粉粒;强韧化研究,是在钨粉中添加其他合金元素或氧化物、碳化物等,以提高材料的强度和韧性;复合强化研究,是在单一强化剂的基础上使用两种或两种以上的强化剂,使钨基合金的性能得到更大的提高[81]。

1.5.1 复合强韧化

复合化研究旨在改善难熔金属材料的耐热强度和韧性,一般加入一种同一性质的强化剂。高密度合金的性能取决于烧结条件和合金元素的加入类型及数量。合金元素在钨合金中可以起到固溶强化、弥散强化、细晶强化、协同活化的作用,同时可以降低杂质偏析。例如,形成的钨基合金有钨-镍-铁、钨-碳化物、钨-氧化物等。对钨-镍-铁合金的研究,张中武等[82]指出,有研究人员利用机械合金化方法,并经固相烧结制备出钨晶粒为 3 μm 的 93W-5.6Ni-1.4Fe 合金,其屈服强度高达 1100MPa,但延展性和冲击韧度下降(伸长率只有 0.5%),其显微结构表现为钨晶粒彼此相连,且成不规则的角形。另外有报道称,日本一家公司往钨中添加 20% 的氧化钇(Y_2O_3)后,在加压条件下进行烧结,制成了新的钨合金。新合金具有比原来的钨细小一些的晶粒,粒度为 1 μm 的氧化钇粒子均匀地分散在整个合金中。氧化钇粒子渗透到钨晶体的边界,抑制熔融金属与钨粒子的亲和性,从而明显提高了合金的抗腐蚀能力。新型钨合金除了抗腐蚀性大大提高,其抗弯强度也比纯钨高 5 倍,在 1000℃ 时抗弯强度高达 800MPa。另外,该钨合金具有极好的塑性,能通过锻造和压制将其加工成约 1mm 厚的板材,也可加工成细丝。

另外,还可将强化剂交叉使用,向钨基体中加入几种不同性质的强化剂,例如钨-碳化物-氧化物的组合。目前,更加复杂的多种添加剂的使用研究较少。钼中加入碳化物和稀有金属的氧化物形成的钼-碳化钛-氧化钇合金,不仅有较高的再结晶温度,而且加工性能良好[82]。

1.5.2 钨基材料的强化机制

钨合金是近似球形的钨颗粒镶嵌在软的黏结相中的一种复合材料。钨基合金的性能与其断裂方式有着极大的关系,钨合金的断裂方式对于钨合金的强化研究有着重要意义。钨合金的断裂方式有四种:W 晶粒解理断裂,W-W 界面断裂,W-黏结相界面断裂,黏结相的延性撕裂[83]。随着温度的升高,钨合金断口形貌由钨颗粒解理型断裂向钨颗粒与黏结相脱开型断裂转变[84]。

1. 固溶强化

钨合金中加入难熔金属 Mo、Ta、Nb、Re 等元素可以起到固溶强化作用。添加 Mo 可大大提高合金的抗拉强度、室温硬度和高温硬度,细化钨晶粒,降低 W 在黏结相中的溶解度[85]。Co 在 WNi-Fe 高密度合金中可与黏结相同时作用,起到协调强化烧结的效果,在较低的烧结温度下,大大提高合金的强度和延性,在高密度合金中添加 Co、Mn 可提高稳定性能[86]。稀土元素 Y、Ce、La 等作为合金元素,可以通过微合金化方式来细化晶粒、脱氧,以提高合金硬度和强度[80]。W-Ni-Fe 合金中添加 1% 的 Sn 可降低烧结温度 200℃ 左右,抗拉强度和热膨胀系数都大大提高,获得了较好的综合性能以满足热膨胀和性能要求高的场合。铼在钨中的固溶度较高,随着温度的升高,铼在钨点阵中可置换的质量百分数达到 30%,形成的钨铼合金的蠕变强度和再结晶温度都得到提高,使合金得到强化。

2. 弥散强化

为了提高钨的高温强度,还可以加入第二相颗粒,例如 TiC 和 ZrC 在钨基体中起到弥散强化的作用。第二相颗粒能钉扎位错,使位错网弥散分布,抑制合金的再结晶,提高高温强度。与加入合金元素相比,加入碳化物颗粒一般较经济一些。对于航空航天高温环境的零部件而言,提高高温强度和降低密度具有非常重要的意义[87~88],而加入碳化物颗粒可以满足使用要求。对于电极材料,弥散强化研究集中在加入稀土元素的氧化物[89]。稀土金属氧化物的加入降低了钨电极的逸出功,提高了电极材料的热稳定性、使用寿命、发射能力,改善了其电弧性能,并提高了其工作温度[90]。

3. 沉淀强化

多数情况下钨合金中的析出相都是脆性金属间化合物,容易在能量较高的钨/基体界面等处优先沉淀析出。受力拉伸时失效首先发生在这些部位。一般采用固溶淬火的热处理工艺来避免沉淀相析出[91],以改善和提高合金的性能。也可以通过添加 Al、Ti 在基体中的时效产生第三相沉淀强化作用。

4. 形变强化

形变强化是提高钨合金材料强度的有效手段。钨合金通过静液挤压变形能够显著提高强度,在相同的变形量下,钨合金的强度比旋锻工艺要高得多。并且,选择合理的挤压参数能使钨合金的变形能力得到大幅度提高。通过静液挤压可以一次获得较大的变形量(可达 $60\%\sim80\%$)。Zhang Zhaohui[92]等指出,静液挤压钨合金形变中,钨晶粒沿着轴向变形,基体被挤压成条状,可嵌入 W－W 界面中,这样降低了钨合金中不规则界面的有效面积,从而使钨合金得到强化;另一方面,随着挤压比的增加,钨晶粒轴向邻近程度降低,钨合金中钨晶粒和基体黏结相的位错密度增加,亚晶的变形程度加大,使钨合金的强度得以提高。

参考文献

[1] 王淦昌. 21世纪主要能源展望[J]. 核科学与工程,1998,18(2):97~108

[2] HT-7U物理设计组. HT-7U物理设计文集[M]. 合肥:中国科学院等离子体物理所,1998

[3] J.R.Roth. 聚变能引论[M]. 李兴中等译. 北京:清华大学出版社,1993

[4] 李银安. 受控热核聚变[M]. 长沙:湖南教育出版社,1994

[5] 等离子体物理科学发展战略研究课题组. 核聚变与低温等离子体——面向21世纪的挑战和对策[J]. 北京：科学出版社,2004

[6] Reiter D. Edge plasma physics overview[J]. Transaction Fusion Technology,1996,19:267~270

[7] Eckstein W,Bohdansky J,Roth J. Physical sputtering[J]. Nuclear Fusion,1991,1:51~55

[8] Bay H L,Roth J,Bohdansky J. Light-ion sputtering yield of amorphous and polycrystalline targets[J]. J. Appl. Phys. ,1977,48:4722~4728

[9] Bohdansky J,Bay H L,Ottenberger W. Sputtering yields for molybdenum and gold at low energies[J]. J. Nucl. Mater. ,1978,76&77:163~165

[10] Philips V,Pospieszczyk A,Schweer B,et al. Investigation of radiation enhanced sublimation of graphite test-limiterand wall materials in TEXTOR[J]. J. Nucl. Mater. ,1995,220~222:467~471

[11] H. Hoven,K. Koizlik,J. Linke,et al. Material damage in graphite by run-away electrons[J]. J. Nucl. Mater. ,1989,162~164:970~975

[12] H. Wolff. Arcing in magnetic fusion devices[J]. Nuclear Fusion,1991,1:93~97

[13] V. Philips,B. Balzer,A. Riccato,et al. New aspects in sputtering experiments with high-energy protons[J]. J. Nucl. Mater. ,1982,111~112:785~788

[14] R. A. Langley. Data compendium for plasma-surface interactions[J]. Nucl. Fusion Special Issue,1984

[15] Myers S M,Richards P M,Wampler W R,et al. Ion-beam studies of hydrogen-metal interactions[J]. J. Nucl. Mater. ,1989,165:9~17

[16] K Q Chen. Proceedings of the China-Japan seminar on fusion engineering[C]. Hefei,1993,8:4~6

[17] Bauer W,Thomas G J. Helium and hydrogen re-emission during implantation of molybdenum, vanadium and stainless steel [J]. J. Nucl. Mater. ,1974,53: 127~133

[18] D Post, K Borras, D J Callen, et al. ITER Physics, ITER Documentation Series 21, IAEA, Vienna, 1990

[19] 许增裕. 聚变材料研究的现状和展望[J]. 原子能科学与技术, 2003, 37(Suppl.): 110~114

[20] Kalinin O, Barbash V, Cardella A, et al. Assessment and selection of materials for ITER in-vessle components[J]. J. Nucl. Mater., 2000, 283~287: 10~19

[21] Ioki K, Barabash V, Cardella A, et al. Design and material selection for ITER first wall/blanket, divertor and vacuum vessel[J]. J. Nucl. Mater., 1998, 258~263: 74~84

[22] 李云凯, 纪康俊. 聚变堆等离子体面对材料[J]. 材料导报, 1999 13(3): 3~5

[23] 汪京荣. 核聚变与国际热核聚变实验堆[J]. 稀有金属快报, 2002, 10: 1~5

[24] 王鹏飞. 爆炸固结 Mo/Cu 和 W 合金/Cu 功能梯度材料的研究[J]. 北京科技大学硕士学位论文. 2007

[25] 陈俊凌. HT—7U 装置第一壁新型炭/陶复合材料及其涂层研究[D]. 合肥: 中国科学院等离子体物理研究所, 2000

[26] 李化. EAST 高热负荷部件的制备[D]. 合肥: 中国科学院等离子体物理研究所, 2006

[27] R. Neu, K. Asussen, S. Peschka, et al. The tungsten experiment in ASDEX Upgrade[J]. J. Nucl. Mater., 1997, 241~243: 678~683

[28] R. Neu, V. Rohde, A. Geier, K. Krieger, et al. Plasma operation with tungsten tiles at the central column of ASDEX Upgrade[J]. J. Nucl. Mater., 2001, 290~293: 206~210

[29] I. Smid, M. Akiba, G. Vieider, et al. Development of tungsten armor and bonding to copper for plasma-interactive components[J]. J. Nucl. Mater., 1998, 258~263: 160~172

[30] H Kurishita, S kobayashi, K Nakai, et al. Current status of ultrafine grained W - TiC development for use in irradiation environments[J].

Phys. Scr. ,2007,T128:76~80

[31] R. Matera,G. Federici. Design requirements for plasma facing materials in ITER[J]. J. Nucl. Mater. ,1996,233~237:17~25

[32] M. Fujitsuka, I. Mutoh, T. Tanabe, et al. High heat load test on tungsten and tungsten containing alloys[J]. J. Nucl. Mater. ,1996,233~237:638~644

[33] K. Nakamura,S. Suzuki, K. Satoh,et al. Erosion of CFCs and W at high temperature under high heat loads[J]. J. Nucl. Mater. ,1994,212~215:1201~1205

[34] J. M. Steichen. Tensile properties of neutron irradiated TZM and tungsten[J]. J. Nucl. Mater. ,1976,60:13~17

[35] 赵慕岳,范景莲,王伏生. 我国钨基高密度合金的发展现状与展望[J]. 中国钨业,1999,14(5~6):38

[36] 邹惠兰. 钨基重合金的研究与应用现状[J]. 湖南冶金,1997,(2):60

[37] 范景莲,彭石高,刘涛,成会朝. 钨基复合材料的应用与现状研究[J],稀有金属与硬质合金,2006,34(3):30~35

[38] 陶应启,王祖平,方宁象,吴仲春. 钨铜复合材料的制造工艺[J]. 粉末冶金技术,2002,20(1):49

[39] 陈文革,丁秉钧. 钨铜基复合材料的研究及进展[J]. 粉末冶金工业,2001,11(3):49

[40] Zhu Jingchuan, Lai Zhonghong, Yin Zhong, et al. Fabrication of functionally graded materials by powder metallurgy[J]. Materials Chemistry and Physics,2001,68:130~135

[41] 凌云汉,周张健,李江涛,等. 超高压梯度烧结法制备 W/Cu 功能梯度材料[J]. 中国有色金属学报,2001,11(4):578~581

[42] B. Riccardi, R. Montanari, M. Casadei, et al. Optimization and characterization of tungsten thick coatings on copper based alloy substrates [J]. Journal of Nuclear Materials,2006,352:29~35

[43] 张代东,范爱铃. MA 过程中 W-Cu 系纳米粉末的 X 射线相分析

[J].铸造设备研究,2001,6:14~16

[44] 姜国圣.钨铜电子封装材料制备工艺的研究[J].电工材料,2001,12(4):36~39

[45] 种法力,陈俊凌,李建刚.VPS-EBW 法制备 W/Cu 功能梯度材料及热负荷实验研究[J].稀有金属材料与工程,2006,35(9):1509~1511

[46] 刘松.爆炸喷涂技术及应用[J].焊接,1997,20(9):2~5

[47] 种法力,陈俊凌,李建刚.铜基体上爆炸喷涂钨涂层及其电子束热负荷实验研究[J].表面技术,2005,34(6):33~37

[48] 周美玲,聂祚仁,陈颖,张久兴,左铁镛.稀土钨电极研究与应用[J].中国钨业,2000,15(1):31

[49] 张晖,丁秉钧.纳米复合 W-氧化物电极材料的电子发射特性[J].稀有金属材料与工程,2000,29(1):1~3

[50] Saito N, Mabuchi M, Nakamura M, et al. Effects of the La_2O_3 particles addition on grain boundary character distribution of pure W[J]. Journal of Material Science Letters,1998,17(7):1495~1497

[51] Mabuchi M, Okamoto K, Saito N, et al. Deformation behavior and strengthening mechanisms at intermediate temperatures in W-La_2O_3[J]. Material Science & Engineering,1997,237(2):241~249

[52] Mabuchi M, Okamoto K, Saito N, et al. Tensile properties at elevated temperature of W-1% La_2O_3[J]. Materials Science & Engineering A,1996,214(1~2):174~176

[53] 王玉金,宋桂明,周玉,雷廷权.TiCp/W 复合材料的热物理性能[J].稀有金属材料与工程,2000,29(6):386~389

[54] Ishijima Y, Kurishita H, Arakawa H, et al. Microstructure and bend ductility of W-0.3mass%TiC alloys fabricated by advanced powder-metallurgical processing[J]. Materials Transactions,2005,45(3):568~574

[55] Takida T, Kurishita H, Mabuchi M, et al. Mechanical properties of fine-grained, sintered molybdenum alloys with dispersed particles developed by mechanical alloying[J]. Material Transactions,2004,45(1):143~148

[56] Kurishita H, Asayama M, Tokunaga O, et al. Effect of TiC addition on the intergranular brittleness in molybdenum[J]. Material Transactions, 1989, 30(12): 1009~1015

[57] Kurishita H, Shiraishi J, Matsubara R, et al. Measurement and analysis of the strength of Mo - TiC composites in the temperature range 285K~2270 K[J]. Transactions of the Japan Institute of Metals, 1987, 28 (1): 20~31

[58] Kitsunai Y, Kurishitab H, Kayano H, et al. Microstructure and impact properties of ultra-fine grained tungsten alloys dispersed with TiC [J]. Journal of Nuclear Materials, 1999, 271~272: 423~428

[59] Tokunaga K, Miura Y, Yoshida N, et al. High heat load properties of TiC dispersed Mo alloys[J]. Journal of Nuclear Materials, 1997, 241~243: 1197~1202

[60] Kurishita H, Amano Y, Kobayashi S, et al. Development of ultra-fine grained W - TiC and their mechanical properties for fusion applications [J]. Journal of Nuclear Materials, 2007, 367~370: 1453~1457

[61] Kurishita H, Kobayashi S, Nakai K, et al. Current status of ultra-fine grained W - TiC development for use in irradiation environments[J]. 2007, T128: 76~80

[62] 周玉, 王玉金, 宋桂明. TiCp/W 及 ZrCp/W 复合材料的组织结构与性能[J]. 2004, 18(8): 97~101

[63] Y. Mutoh, K. Ichikawa. Corrosion behavior of sputter-deposited Co-base alloy films in neutral solutions. Mater. Sci. Eng., 1995, 30 (770): 159

[64] M. Fujitsuka, I. Mutoh, T. Tanabe, et al. High heat load test on tungsten and tungsten containing alloys. J. Nucl. Mater., 1996(638): 233~237

[65] Shen Qiang, Zhang Lian meng, Tan Hua. Wave impedance of W - Mo system composite[J]. Journal of University of Science and Technology, 2003, 10(5): 35~38

[66] M. Fujitsuka, B. Tsuchiya, I. Mutoh, T. Tanabe, T. Shikama. Effect of neutron irradiation on thermal diffusivity of tungsten-rhenium alloys. J. Nucl. Mater. ,2000(1148):283～287

[67] M. Balden, C. García-Rosales, R. Behrisch, J. Roth, P. Paz, J. Etxeberria. Chemical erosion of carbon doped with different fine-grain carbides. J. Nucl. Mater. ,2001,290～293:52～56

[68] 范景莲,黄伯云,张传福,曲选辉. 纳米钨合金粉末常压烧结的致密化和晶粒长大[J]. 中南工业大学学报,2001,32(4):391～393

[69] 范景莲,黄伯云,张传福,曲选辉,汪登龙. 纳米钨合金粉末的制备技术和烧结技术[J]. 硬质合金,2001,18(4):225～231

[70] 黄劲松,周继承,刘文胜,黄伯云. 钨基重合金的烧结[J]. 粉末冶金工业,2003,13(1):26

[71] Kuan-Hong Lin, Chen-Sheng Hsu, Shun-tian Lin. Structure analysis of the constitutional phase sintered W－Mo－Ni－Fe[J]. Int. J. Refra. Met. Hard Mater. ,2003,21:202

[72] Wuwen Xi, Xiaoping Xu, Peizhen Lu, Randall M. German. Green microstructure effects on densification and distortion in liquid phase sintering[J]. Int. J. Refra. Met. Hard Mater. ,2001,19:149

[73] Ho J Ryu, Soon H Hong, Woon H Baek. Microstructure and mechanical properties of mechanically alloyed and solid-state sintered tungsten heavy alloys[J]. Mater. Sci. Eng. ,2000,291:91～93

[74] 黄劲松,周继承,刘文胜,黄伯云. 钨基重合金的烧结[J]. 粉末冶金工业,2003,13(1):26～29

[75] 姜国圣,王志法,刘正春. 高钨钨-铜复合材料的研究现状[J]. 稀有金属与硬质合金,1999,136:39-42

[76] 王玉金,宋桂明,周玉,雷廷权. 合金元素及第二相对钨的影响[J]. 宇航材料工艺,1998,5:11

[77] 陈文革,丁秉钧. 钨铜基复合材料的研究及进展[J]. 粉末冶金工业,2001,11(3):47

[78] 李云平,曲选辉,郑洲顺,雷长明,段柏华. 注射成形 W－Cu 研究

现状及产业化发展趋势[J]. 粉末冶金技术,2003,21(2):108~110

[79] 陈文革,丁秉钧. 钨铜基复合材料的研究及进展[J]. 粉末冶金工业,2001,11(3):49

[80] 葛启录,肖振声,韩欢庆. 高性能难熔材料在尖端领域的应用与发展趋势[J]. 粉末冶金工业,2000,10(1):11~12

[81] 王鼎春,夏耀勤. 国内钨及钨合金的研究新进展[J]. 中国钨业,2001,16(5~6):92

[82] 张中武,冉广,周敬恩. 钨基高密度合金的研究进展[J]. 金属热处理,2003,28(2):9~13

[83] 赵慕岳,范景莲,王伏生. 我国钨基高密度合金的发展现状与展望[J]. 中国钨业,1999,14(5~6):38

[84] 徐英鸽,朱金华. 钨合金力学性能及断口形貌的温度效应[J]. 西安交通大学学报,2001,35(7):756~758

[85] 范景莲. 钼对钨合金砧块性能的影响[J]. 粉末冶金技术,1993,11(2):119~124

[86] 白淑珍,张宝生. 合金元素钴和锰对 W－Ni－Fe 合金性能的影响[J]. 稀有金属,1995,19(1):357~361

[87] 赵慕岳,范景莲,王伏生. 我国钨基高密度合金的发展现状与展望[J]. 中国钨业,1999,14(5~6):39

[88] 宋桂明,王玉金,周玉,雷廷权. TiC 颗粒增强钨基复合材料的组织结构力学性能[J]. 有色金属,2000,52(1):78

[89] 王玉金,宋桂明,周玉,雷廷权. 合金元素及第二相对钨的影响[J]. 宇航材料工艺,1998,5:16

[90] 聂祚仁,周美玲,陈颖,张久兴,左铁镛. 稀土钨电极材料及稀土氧化物的作用[J]. 稀有金属材料与工程,1997,26(6):5

[91] 王辅忠,李荣华. 高比重钨合金沉淀强化的研究[J]. 材料导报,2003,17(1):16

[92] Zhang Zhaohui, Wang Fuchi. Research on the deformation strengthening mechanism of a tungsten alloy by hydrostatic extrusion[J]. Int. J. Refra. Met. Hard Mater. ,2001,19:177~182

第2章 钨基复合材料制备工艺设计及性能测试表征

金属基复合材料起源于20世纪50年代末期或60年代初期。金属基复合材料的性能、特点、应用和制造成本等在很大程度上取决于其制备工艺和方法。以金属或合金为基体,并以纤维、晶须、颗粒等为增强体的复合材料,其特点在力学方面为横向及剪切强度较高,韧性及疲劳等综合力学性能较好,同时还具有良好的导热、导电性能、耐磨、热膨胀系数小、阻尼性好、不吸湿、不老化和无污染等优点。金属基复合材料按增强体的类别来分,有纤维增强(包括连续和短切)、晶须增强和颗粒增强复合材料等;按金属或合金基体的不同,又可分为铝基、镁基、铜基、钛基、高温合金基、金属间化合物基以及难熔金属基复合材料等。金属基复合材料按照增强材料形态及分布方式可以分为颗粒复合材料、纤维增强复合材料、短纤维增强复合材料、晶须增强复合材料、薄片增强复合材料等。其中颗粒增强复合材料与纤维类、晶须类增强材料相比,成本显著降低,且制备工艺、设备简单,有利于工业化生产及推广利用,已广泛应用于航空航天等领域[1]。目前,国内外在金属基复合材料的研制和开发方面取得了很大的进展,获得了重大突破,极大地丰富了材料市场。但金属基复合材料在研究和生产过程中,涉及许多相关技术,如复合材料制造技术,这是一个相当复杂的研究过程。因此,在金属基复合材料的研究和开发过程中还有许多工作要做,如要进一步对复合材料的性能与增强体的性能、与基体合金性质及性能等之间的关系以及增强体之间的相互作用规律进行探讨,还要降低材料成本等。因此,本文选择颗粒作为复合材料的增强体。

在金属基复合材料中,所用的颗粒类增强材料主要有碳化物(如 SiC、TiC、WC 等)、氮化物(Si_3N_4、AlN 等)、硼化物(TiB_2、B_4C 等)、氧化

(Al_2O_3、TiO_2、ZrO_2)以及稀土氧化物(La_2O_3、Y_2O_3等)等。其中最常用的为碳化物及氧化物颗粒。

TiC 是过渡族元素 Ti 与 C 形成的一种非化学计量的碳化物,即 TiC_x,($0.5<x<1$)。它具有 NaCl 型的晶体结构,在 Ti 的面心立方点阵中,C 处于八面体间隙中。TiC 中 C 含量对 TiC 的性能有很大影响[2]。由 Ti-C 平衡相图[3]可知,当 C 含量(原子比 x)在 0.4~0.9 时,C 能与 Ti 形成许多中间有序相,如 Ti_2C、Ti_3C_2、Ti_2C_3 等,它们的晶体结构和性质的不同将对 Ti 的性能产生很大影响。TiC 的密度低、熔点高、硬度高,具有很高的热稳定性,烧结过程中晶粒长大趋势小,抗热震性能优良,抗氧化性较好,在 2230℃ 时的蒸气压为 $1.10×10^{-2}$ Pa。TiC 能被 Ni、Co、Fe 和 Cr 等元素所润湿,且能与 MoC、WC、TaC、NbC、VC 等碳化物形成固溶体,以及具有好的力学性能。TiC 作为一种增强相被广泛应用于增强金属基复合材料和陶瓷基复合材料[4~5]。

稀土氧化物应用于钨合金,目的是解决钍钨电极材料的放射性污染和严重脆性等难题。人们发现,以钨为基体,掺入一些电子逸出功低的稀土氧化物,既可以激活电子发射,又可以提高再结晶温度。国内外学者针对稀土氧化物对钨钼合金性能的影响进行了许多研究,发现稀土钨钼合金除了作为功能材料具有好的热电子发射性能外,作为结构材料还具有优良的高温性能和蠕变强度,在钼中添加稀土氧化物可使钼的再结晶温度、室温强度、高温强度、蠕变强度得以显著提高,低温脆性得到显著改善[6~7]。

2.1 钨基复合材料制备影响因素

钨基复合材料的制备采取高能球磨法制备复合粉体,采用粉末冶金方法制备材料,主要分为高能球磨制备复合粉体、粉体的压制成形及烧结三个部分。粉体的性能以及后续的压制和烧结对材料的性能有重要影响。

2.1.1 粉体的影响

在颗粒增强金属基复合材料中,由于颗粒增强体的形态不同,其增强原

第 2 章 钨基复合材料制备工艺设计及性能测试表征

理也有很大差别,其主要的增强机理有弥散强化机理和颗粒增强机理[8]。

弥散增强复合材料是由弥散微粒与基体复合而成。其增强机理与析出强化机理相似,可以用 Orowan 机理,即位错绕过理论来解释。载荷主要由基体来承担弥散微粒阻碍基体的位错运动。微粒阻碍位错运动的能力越大,增强的效果越大。在剪切应力的作用下,位错的曲率半径 R 为

$$R = G_m \boldsymbol{b}/2\tau_i \qquad (2-1)$$

式中,G_m 是基体的剪切模量;$\boldsymbol{b}$ 是柏氏矢量。

若微粒之间的距离为 D_f,当剪切应力 τ_i 大到使位错的曲率半径 $R = D_f/2$ 时,基体发生位错运动,复合材料产生塑性变形,此时剪切应力即为复合材料的屈服强度

$$\tau_c = G_m \boldsymbol{b}/D_f \qquad (2-2)$$

假设基体的理论断裂应力为 $G_m/30$,基体屈服强度为 $G_m/100$,它们分别为发生位错运动所需剪应力的上、下限。将式(2-1)代入式(2-2)中,得出微粒间距的上、下限分别为 $0.3~\mu m$ 和 $0.01~\mu m$。当微粒间距在 $0.01~\mu m \sim 0.3~\mu m$ 时,微粒具有增强作用。若微粒直径为 d,体积分数为 V_p,微粒弥散且均匀分布,则存在如下关系:

$$D_p = \left(\frac{2}{3}d_p^2/V_p\right)^{1/2}(1-V_p) \qquad (2-3)$$

代入式(2-2)即得

$$\tau_c = G_m \boldsymbol{b} / \left[\left(\frac{2}{3}d_p^2/V_p\right)^{1/2}(1-V_p)\right] \qquad (2-4)$$

显然,微粒尺寸越小,体积分数越高,强化效果越好,一般 $d = 0.01~\mu m \sim 0.1~\mu m$。

颗粒增强复合材料是由尺寸较大的颗粒与基体复合而成,其增强机理与弥散增强有区别。在颗粒增强复合材料中,虽然载荷主要由基体承担,但颗粒也承受载荷并约束基体的变形。颗粒阻止基体位错运动的能力越大,增强效果越好。

在外载荷作用下,基体内位错的滑移在基体/颗粒界面上受到阻滞,并在颗粒上产生应力集中,其值为

$$\sigma_i = n\sigma \tag{2-5}$$

根据位错理论,应力集中因子为

$$n = \sigma D_p / G_m \boldsymbol{b} \tag{2-6}$$

将上式代入式(2-5)得

$$\sigma_i = \sigma^2 D_p / G_m \boldsymbol{b} \tag{2-7}$$

$\sigma_i = \sigma_p$ 时,颗粒开始破坏,产生裂纹,引起复合材料变形,并令 $\sigma_p = G_p / c$,则有

$$\sigma_i = \sigma_p = \frac{G_p}{c} = \sigma^2 D_p / G_m \boldsymbol{b} \tag{2-8}$$

式中,σ_p 为颗粒强度;c 为常数。由此得出颗粒增强复合材料的屈服强度为

$$\sigma_y = \sqrt{G_m G_p \boldsymbol{b} / D_p c} \tag{2-9}$$

将式(2-3)代入式(2-9)即得

$$\sigma_y = \sqrt{\frac{\sqrt{3} G_m G_p \boldsymbol{b} V_p^{1/2}}{\sqrt{2} d (1 - V_p) c}} \tag{2-10}$$

同样,颗粒尺寸越小,体积分数越高,颗粒对复合材料的增强效果越好。一般在颗粒增强复合材料中,颗粒直径为 1 μm~50 μm,颗粒间距为 1 μm~25 μm,颗粒的体积分数为 5%~50%。

综上,不论是颗粒弥散强化机理还是颗粒增强机理,均得到一个相同的性质:颗粒尺寸越小,体积分数越高,颗粒增强效果越好。

2.1.2 烧结的影响

烧结是粉末冶金生产过程的关键工序,对粉末冶金生产起着很重要的作用。烧结是一种使成形的粉末坯件达到强化和致密化的高温处理工艺。

烧结前各工序所带来的一些问题,如粉末原料粒度组成的波动,成形压力和压坯尺寸的波动,以及成形剂的变化等,在一定范围内,可以通过烧结工艺条件的调整将其纠正或弥补。烧结还可以控制制品的孔隙度和显微组织,以获得所需的物理和力学性能。但因为由烧结造成的废品是无法通过以后的工序挽救的,所以烧结实际上对产品质量起着把关的作用。

影响烧结过程的基本因素有以下几个方面。

(1) 烧结温度

烧结温度要合理,不能过高或过低。烧结温度过高(接近熔点温度时),制品形状在高温下将发生显著变化,制品的晶粒也将变得粗大,造成"过烧"。另外,为了简化烧结炉的结构,烧结温度也不能过高,否则将增加烧结炉的投资。烧结温度过低,不但需要大大增加烧结时间,降低了设备的生产率,更主要的是使产品性能达不到要求。因为温度过低,烧结过程所发生的各种致密化行为往往无法充分进行,造成"欠烧"。

(2) 烧结时间

烧结时间的选择要根据烧结温度、制品的形状与尺寸、压坯成分和密度等因素而定。制品的烧结时间通常从几十分钟到几个小时不等。如果烧结温度比较高,致密化速度很快,在很短的时间内,压坯就能达到致密化要求。当密度达到最高水平后,密度增加缓慢,继续延长烧结时间反而会带来经济上的不利。而且,有些产品当烧结完成后继续延长烧结时间会造成"过烧"。

(3) 烧结气氛

烧结气氛的作用是控制压坯与环境之间的化学反应和清除润滑剂的分解产物。本文采用了真空烧结的方法。真空烧结的主要优点是:①真空可减小气氛中有害成分(H_2O、O_2、N_2)对产品的玷污;②真空是最理想的惰性气氛;③真空可以改善液相烧结的润湿性;④真空有利于排除吸附气体(气孔中残留气体以及反应气体产物),对促进烧结后期的收缩作用明显。

(4) 烧结压力

把粉末装在模腔内,在加压的同时使粉末加热到正常烧结温度或者更低一些的温度,能够在较短时间内烧结得到致密而均匀的制品,这是一种强化烧结方法。热压的最大优点就是可以大大降低成形压力和缩短烧结时间,得到密度极高和晶粒极细的材料。

2.2　工艺路线设计

首先设计复合材料的成分,然后根据设计的成分,采用高能球磨或球磨混粉制备相应的复合粉体,然后采用粉末冶金的方法制备钨基复合材料,最后对复合材料的性能进行研究,具体技术路线如图2-1所示。

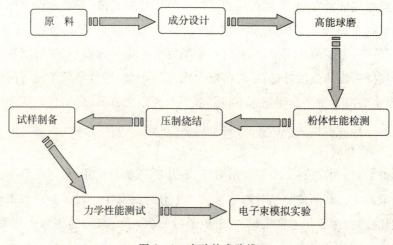

图2-1　实验技术路线

2.3　实验材料

本文所用的钨粉和TiC粉购自株洲硬质合金公司。钨粉的粒度为2 μm～3 μm,密度19.3g/cm³,成分见表2-1。TiC粉体密度为4.93g/cm³,粒度为1.5 μm,成分见表2-2。La_2O_3粉购自上海跃龙新材料有限公司,粒度为2.5 μm,密度为6.51g/cm³,成分见表2-3。铜粉购于上海九源金属材料有限公司,费氏粒度小于47 μm,纯度为99.9%,使用前在350℃的氢气还原炉中进行还原。

表2-1 W粉成分(wt%)

粉末	纯度	Fe	Al	Ni	Si	O	Cr	Ca	K	C	Cu
W	≥99.5	0.005	0.001	0.002	0.002	<0.02	0.002	0.002	0.001	0.005	0.007

表2-2 TiC性能指标

性能指标	总C/%	游离C/%	O/%	N/%	费氏粒度/μm	外观颜色
TiC	≥19.0	≤0.3	≤0.3	≤0.45	≤1.5	黑色

表2-3 La_2O_3粉成分(wt%)

粉末	纯度	CeO_2	Pr_6O_{11}	Sm_2O_3	Y_2O_3	Tb_4O_7	Fe_2O_3	CaO	CuO
La_2O_3	≥99.995	0.0001	0.0001	0.0006	0.001	0.0001	0.0002	0.005	0.0002

2.4 材料的制备

2.4.1 复合粉体制备工艺

球磨实验在南京科析实验仪器研究所生产的XQM—2L型行星式球磨机上进行，球磨罐一种为不锈钢材质，搭配纯W球（纯度≥99%），主要用于高能球磨。球磨转速最大为800r/min，设置每30分钟反转一次，总的球磨时间、球料比（研磨球与粉料的质量之比）、球装填系数（研磨球的体积占球磨罐容积的百分数）、液体介质、液体介质比（液体介质的体积与球和粉料体积和之比）均可按照实验的安排进行设置。球磨前的原始混合粉体按质量分数称量配比。另外可按照实验的要求加入少量的有机小分子分散剂。密封后抽真空，然后通入高纯氩气（纯度≥99.9%）作为保护气体，并且抽真空和通氩气这个过程需反复进行3次～10次。在球磨过程中，可按照实验的安排取粉做检测。

2.4.2 烧结工艺

TiC 颗粒增强 W 基复合材料的制备采用真空热压方法,将粉体置于惰性石墨模具内,所用真空热压炉型号为 HI-MVLTI—10000(日本富士电波生产),最高烧结温度 2400℃,极限真空度 1×10^{-4} Pa,微机控制。热压烧结曲线如图 2-2 所示。

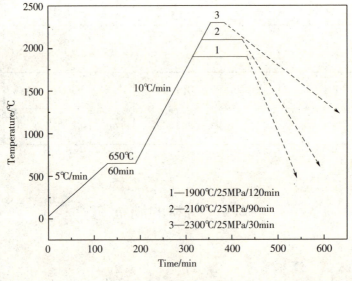

图 2-2 热压烧结曲线

W-Cu 复合材料的制备采用钢模模压成形然后真空烧结的方法,压片机型号为 769YP—40C(天津市科器高新技术公司生产)。为了提高压坯的强度及防止粉末离析,压制前在粉末中添加少量的硬脂酸锌和石蜡作为成形剂(黏结剂)。压制压力 300MPa,保压时间 30s。真空烧结炉采用石墨发热材料,最高烧结温度 1900℃,极限真空度 4×10^{-3} Pa,微机控制。其烧结曲线如图 2-3 所示。

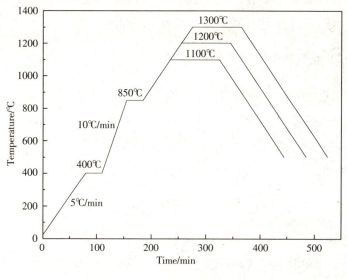

图 2-3　W-Cu 复合材料烧结曲线

2.5　粉体的表征

2.5.1　粉体相组成及晶粒度的测定

实验时,在日产理学 D/max-γB 型旋转阳极 X 射线衍射仪上对不同球磨参数的复合粉体的物相组成进行测定,并根据所得 X 射线衍射谱图上的衍射峰,对照粉末标准卡片,确定物相。利用下式计算平均晶粒尺寸及晶格畸变[9~11]:

$$\frac{FW(S) \cdot \cos\theta}{\lambda} = \frac{K}{D} + 4 \cdot \varepsilon \cdot \frac{\sin\theta}{\lambda} \qquad (2-11)$$

式中,$FW(S)$ 为衍射峰的半宽高;K 为常数,取 0.89;λ 为入射波长;θ 为布拉格衍射角;D 为平均晶粒尺寸;ε 为平均晶格畸变。利用 XRD 辅助软件求出衍射峰的半高宽,对上式中的 θ 和 λ 进行直线拟合,由软件直接给出平均晶粒尺寸及平均晶格畸变。

复合粉体 X 射线衍射实验条件为 Cu-Kα 源,单色 X 射线($\gamma=1.54\text{Å}$),管压为 40kV,管流为 80mA,扫描速度为 2°/min。

2.5.2 复合粉体的形貌观察

不同球磨参数的复合粉体分散于介质无水乙醇中(酒精和粉料的质量比为 30∶1),在超声分散装置上连续超声分散 5min 以上,用滴管将分散好的料浆滴到扫描显微镜样品台上,观察不同球磨参数下复合粉体的形貌变化。

2.5.3 复合粉体的中值粒径及比表面测试

采用 Hydro2000MU(A)型激光粒度仪来进行粉体的中值粒径测试。中值粒径也叫中位径或 D50,是指一个样品的累计粒度分布百分数达到 50%时所对应的粒径,其物理意义是粒径大于它的颗粒占 50%,小于它的颗粒也占 50%,常用来表示粉体的平均粒度。测量前,将球磨后的粉体在研钵中研磨 30min,然后用液体介质酒精进行分散,适当地震动后放入超声波分散装置分散 10min,在分散过程中要严格控制水温,以免出现团聚现象,影响实验的测试精度。

采用 Brunauer-Emmett-Teller(BET)法测定不同球磨参数下的复合粉体的比表面积,仪器的型号为贝克曼库尔特 SA3100 型。测试条件为:样品质量 0.15g 左右,脱气温度为 200℃,脱气时间 120min,脱气真空度约 10Torr~6Torr。

2.6 材料组织结构观察与性能测试

2.6.1 复合材料密度测试

本实验采用阿基米德法测量样品密度。采用型号为 TG328A 的光电分析天平称出烧结体在空气中的重量,然后测出挂在蒸馏水中的细铜网的重量。将烧结体置于蒸馏水中煮沸 30min 后,用细铜网将烧结体挂在蒸馏水中,再用分析天平称出烧结体在水中的重量,接着将烧结体取出并迅速用滤纸擦干称其重量。根据阿基米德定律,烧结体试样的密度 ρ 可按下式计算:

$$\rho = \frac{G_1}{G_1 - G_2 + G_3} \times \rho_1 \tag{2-12}$$

式中,ρ_1 为蒸馏水的密度,取 1.0g/cm^3;G_1 为烧结体在空气中的重量;G_2 为水煮后烧结体在水中的重量;G_3 为辅助铜网的重量。测试前将试样清洗吹干。

试样的理论密度 ρ' 按照混合定律计算:

$$\rho' = \sum \rho_i v_i \tag{2-13}$$

式中 ρ_i 为第 i 相的理论密度;v_i 为第 i 相的体积分数。

相对密度的计算式为

$$R = \frac{\rho}{\rho'} \times 100\% \tag{2-14}$$

2.6.2 复合材料弯曲性能测试

弯曲实验是一种质量控制和材料鉴定实验,特点是样品制备简单,操作方便。实验时,选用 DCS—3000 型岛津万能材料实验机(日本)对试样进行三点弯曲性能测试。

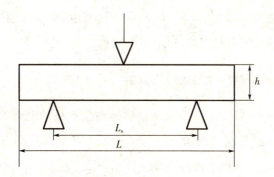

图 2-4 抗弯实验试样加载示意图

抗弯强度和弹性模量的测试条件为:试样尺寸为 $30\text{mm} \times 4\text{mm} \times 2\text{mm}$,跨距为 20mm,试样表面进行磨平、抛光后,用丙酮清洗;负荷压头刀口半径 $r_1 = 4.5 \pm 0.5\text{mm}$;支撑刀口半径 $r_2 = 1 \pm 0.5\text{mm}$,两支撑刀口应在同一平面内,且相互平行;负荷压头刀口应平行于两支撑刀口,且位于中间位置,并可在垂直方向上下移动,压头移动速率为 0.5mm/min。根据应力/应变曲线计算材料的弹性模量。

断裂韧性 K_{IC} 采用单边切口梁法(SENB)测试,其测试条件为:试样尺寸为 30mm×4mm×2mm,缺口宽 0.2mm,深 2mm,跨距 16mm,压头移动速率为 0.05mm/min。

断裂韧性 K_{IC} 的计算公式为

$$K_{IC} = \frac{3PL\sqrt{10a}}{200bh^2}\left[1.93 - 3.07\frac{a}{h} + 14.53\left(\frac{a}{h}\right)^2 - 25.07\left(\frac{a}{h}\right)^3 + 25.80\left(\frac{a}{h}\right)^4\right]$$
$$(MPa \cdot m^{\frac{1}{2}}) \qquad (2-15)$$

式中,P 为试样所承受的外加载荷;a 为试样切口深度(mm);L 为跨距;b 为试样宽度;h 为试样高度。试样满足高宽比 $h/b=2$,高跨比 $h/L=1/4$。

2.6.3 复合材料显微硬度测试

显微硬度实验是一种微观的静态试验方法,在硬度测试前应先对试样进行磨平、抛光,使试样待测表面达到一定的光洁度。实验所采用仪器为 MH—3 型硬度测试仪,用一个菱形为底的锥形金刚石压头打痕,然后从表盘上直接读出测试结果,载荷为 200g,保压时间为 10s。在每个试样表面选取不同位置进行六次重复实验,最后取平均值。

2.6.4 复合材料显微组织结构分析

将经研磨、抛光后的试样采用高锰酸钾和氢氧化钠混合溶液进行腐蚀,然后用清水将表面的腐蚀液冲洗干净,再用酒精棉擦其表面,用烘干机烘干,最后放在金相显微镜下进行观察。

采用 Sirion200 型场发射扫描电镜(SEM)对试样的表面及断口进行显微分析,并利用扫描电镜附带的能谱仪进行微区成分分析。观察表面的试样要经过磨平、抛光、超声清洗及腐蚀。观察断口形貌,将断口直接放到扫描电镜下观察即可,不用磨平、抛光,特殊情况下需要进行腐蚀。

采用 JEM—2010 型透射电镜(TEM)进行显微结构观察前,样品要先经离子减薄。

2.7 高能电子束真空热负荷实验

2.7.1 实验装置

实验是在中国科学院等离子体物理研究所自行设计的多功能热负荷实验平台上进行的。该平台可以进行材料或结构的高热负荷实验和性能评价,以及热负荷下材料的真空性能和出气成分分析等。电子束综合实验平台的结构如图2-5所示[12~13]。

电子束综合实验平台的主要组成部分:
(1)功率为12kW的电子枪及其配套电源系统;
(2)电源总控及数据采集系统;
(3)多功能样品台、真空及水冷系统;
(4)测温范围在500℃~2000℃的红外测温仪和测温范围在20℃~1200℃的热电偶测温系统;
(5)用于实验过程中材料表面状况实时观察的红外摄像系统;

电子枪主要功能参数:
最高加速电压10kV~12kV,最大功率12kW,可以保证电子束能量在10keV以上,电子的发射速率在6×10^4km/s以上,以保证电子束不仅在表面加热,而且有一定的体加热效果。通过引出束流的调节可调节输出功率,以满足在不同负荷条件下开展实验的需要。

电子束斑面积$0.2cm^2$~$1cm^2$,最大扫描范围$10cm^2$,扫描频率0Hz~200Hz。

2.7.2 实验过程

实验的步骤如下:
(1)试样材料的准备:试样磨平、抛光,在丙酮中用超声波清洗干净后,在空气中干燥,在做热负荷实验之前还要在200℃~300℃温度下真空烘烤一段时间。

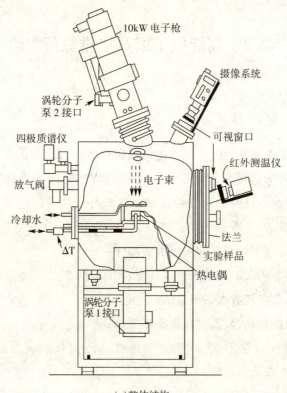

(a) 整体结构

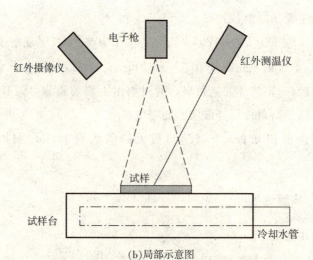

(b) 局部示意图

图 2-5 电子束综合实验平台结构示意图

(2)检查实验装置:实验前检查水、电是否正常,先用丙酮、后用酒精擦拭真空腔内壁及玻璃窗口,以减小杂质的影响。

(3)实验准备:将试样放入试样台后,关闭放气阀及工作室活动门,接通总电源并打开电子枪水冷阀门,开启机械泵,打开真空计(约10min后),开启分子泵($<10^{-2}$Pa),准备数据采集。再次进行样品水冷系统检漏,然后打开电子枪总电源开关和偏转开关,进行灯丝预热(约5min),打开温度采集系统进行空采,灯丝电流复位,打开样品台水冷阀门,打开电子枪高压开关,将电子束流调节到约20mA,然后移动电子束斑到样品中心位置,调节聚焦、束斑面积($0.25cm^2$)、扫描面积($4.5cm^2$)及扫描频率(200Hz)。

(4)实验中,将电子束流调至零,打开温度采集系统,根据实验要求调节电子束流,以达到所要求的热流密度(功率密度),并进行实时观察(电子束的位置和电子束流大小、真空计显示),热负荷结束后,将电子束流调到零,试样自然冷却(惯性冷却)。

(5)实验结束后,先将电子束流和灯丝电流调至零,关闭高压和聚焦偏转开关,关闭电子枪总电源,关闭样品水冷阀门、红外测温仪、真空计开关,然后关闭分子泵,30min后关闭机械泵,最后关闭水电。样品冷却后,打开工作室活动门取出试样。

(6)热负荷后样品的性能检测。取出试样后应立即进行样品的重量损失测量。测量仪器是感量为1μg的电子天平,利用SEM及附带的EDS装置可进行热负荷实验后表面形貌的观察及成分分析,并对热负荷实验后的试样进行力学性能测试及断口观察。

2.8 主要仪器设备

(1)769YP—40C型粉末压片机;

(2)XQM—2L型行星式球磨机;

(3)MH—3型硬度测试仪;

(4)Dmax—γB型旋转阳极X射线衍射仪;

(5)HI - MVLTI—10000型真空热压炉;

(6)GSL1600X 型真空管式高温炉；

(7)DCS—3000 型岛津万能材料实验机；

(8)天平 TG328A 型分析天平；

(9)Sirion200 型场发射扫描电镜；

(10)JEM—2010 型透射电镜；

(11)ZB220—T 型超声清洗机；

(12)多功能热负荷实验平台等。

参考文献

[1] 于化顺. 金属基复合材料及其制备技术[M]. 北京:化学工业出版社,2006

[2] V. N. Lipatnikov, A. A. Rempel, A. I. Gusev. Atomic Ordering and Hardness of Non-stoichiometric Titanium Carbide [J]. Int. J. Refr. Met. & Hard Mater. ,1997,15:61~64

[3] 郭臻,刘雄光,李健保,等. 高熔点碳化物的碳热法合成及其热动力学研究. 北京:1994 年高技术陶瓷年会. 1994,440~445

[4] 曾德麟. 粉末冶金材料[M]. 北京:冶金工业出版社,1989

[5] 张国军. Ti(C,N)基金属陶瓷[J]. 机械工程材料,1990,(3):4~9

[6] 张国君,孙院军,牛荣梅,等. 稀土氧化镧掺杂钨合金的强化机制研究[J]. 稀有金属材料与工程,2005,34(12):1926~1929

[7] Zhang Jiuxing, Liu Lu, Zhou Meiling, Hu Yancao, Zuo Tieyong. Fracture toughness of sintered Mo-La$_2$O$_3$ alloy and the toughening mechanism[J]. Int. J. Refr. Met. & Hard Mater. ,1999,17:405~409

[8] 于化顺. 金属基复合材料及其制备技术[M]. 北京:化学工业出版社,2006

[9] Suryanarayana C. Mechanical alloying and milling[J]. Progress in Material Science,2001,46:1~184

[10] Gaffet E, Abdellaoui M, Malhouroux-Gaffet N. Formation of nanostructural materials induced by mechanical processing [J]. Mater. Trans. JIM,1995,36(2):198~209

[11] Scherra A, Guinier. X-ray diffraction[M]. San Francisco: Freeman, 1963

[12] 陈俊凌. HT-7U 装置第一壁新型炭/陶复合材料及其涂层研究[D]. 合肥:中国科学院等离子体物理研究所, 2000

[13] 李化. EAST 高热负荷部件的制备[D]. 合肥:中国科学院等离子体物理研究, 2006

第 3 章 高能球磨制备 TiC/W 复合粉体及其表征

在粉末冶金生产过程中,原料粉体的混合均匀程度、粉体的粒度及其组成等,对烧结体的性能有重要影响。一般而言,混合粉体的均匀程度越高,粉体粒度越细小,表面能越高,烧结体的致密化程度越高[1]。机械力化学(Mechanochemistry,又称高能球磨,High-energy Ball Milling)一经出现,就成为制备超细材料的一个重要途径。传统上,新物质的生成、晶型转化或晶格变形都是通过高温(热能)或化学变化来实现的。机械能直接参与或引发化学反应是一种新的思路。机械化学法的基本原理是利用机械能来诱发化学反应或诱导材料组织、结构和性能的变化,以此来制备新材料。作为一种新技术,它能明显降低反应活化能、细化晶粒,极大地提高粉末活性和改善颗粒分布均匀性,加强增强体与基体之间界面的结合,促进固态离子扩散,诱发低温化学反应,从而提高了材料的密实度、电学、热学等性能,是一种节能、高效的材料制备技术。它的研究必将推动新材料研究及相关学科的发展。就材料科学而言,机械力化学是一个有较宽广研究空间的领域。目前取得的成就已足以表明该技术具有广阔的工业应用前景。

在材料学科领域,对机械力化学效应的研究始于 20 世纪 50 年代。Takahashi 在对黏土作长时间粉磨时,发现黏土不仅有部分脱水现象,同时结构也发生了变化。80 年代以来,这一新兴学科更扩展至冶金、合金、化工等领域,得到了广泛应用。90 年代以来,国际上,尤其是日本,对机械力化学的研究和应用十分活跃。在无机材料学科领域,Saito 和 Senna 做了大量的研究工作和应用开发。而在水泥学科方面的研究则刚刚起步。我国华南理工大学对水泥熟料矿物在粉磨时引起的矿物结晶程度退化和矿物活性做了初步研究。目前国内在这一领域的报道,较多地集中于对粉体物料的微细化。

因此,这一领域还有待更深入地研究。通过高能球磨,应力、应变、缺陷和大量纳米晶界、相界产生,使系统储能很高(达十几 kJ/mol),粉末活性大大提高,甚至诱发多相化学反应。目前,已在很多系统中实现了低温化学反应,并成功合成新物质。至今已经用机械力化学研制出超饱和固溶体、金属间化合物、非晶态合金等各种功能材料和结构材料。机械力化学也已经应用在许多高活性陶瓷粉体、纳米陶瓷基复合材料等的研究中。

高能球磨法是一种用来制备具有可控微粒结构的金属基或陶瓷基复合粉末的技术。它是利用球磨机的转动或振动使硬球对原料进行强烈的撞击、研磨和搅拌,使金属或合金粉末粉碎为纳米级微粒的方法。如果将两种或两种以上金属粉末同时放入球磨机的球磨罐中进行高能球磨,粉末颗粒经过压延、压和、碾碎、再压和的反复过程(冷焊——粉碎——冷焊的反复过程),最后获得组织和成分分布均匀的合金粉末。由于这种方法是利用机械能而不是用热能或电能达到合金化,所以把高能球磨制备合金的方法称作机械合金化(Mechanical Alloying,MA)。

机械合金化是一个通过高能球磨使粉末经受反复的变形、冷焊、破碎,从而达到元素间原子水平合金化的复杂的物理化学过程。在球磨初期,反复地挤压变形,经过破碎、焊合、再挤压,形成层状的复合颗粒。复合颗粒在球磨机械力的不断作用下,产生新生原子面,层状结构不断细化。在机械合金化过程中,层状结构的形成标志着元素间合金化的开始。层片间距的减小缩短了固态原子间的扩散路径,使元素间合金化过程加速。球磨过程中,粉末越硬,回复过程越难进行,球磨所能达到的晶粒度越小。并且,材料硬度越高,位错滑移越难以进行,晶格中的位错密度越大,这些又为合金化的进行提供了快扩散通道,使合金化过程进一步加快。

球磨过程中,大量的碰撞现象发生在球与粉末球之间。被捕获的粉末在碰撞作用下发生严重的塑性变形,使粉末受到两个碰撞球的"微型"锻造作用。球磨产生的高密度缺陷和纳米界面大大促进了 SHS 反应的进行,且起了主导作用。反应完成后,继续机械球磨,强制反复进行粉末的冷焊——断裂——冷焊过程,细化粉末,得到纳米晶。

机械合金化(MA)技术是制备新型高性能材料的重要途径之一。采用 MA 工艺制备的材料具有均匀细小的显微组织和弥散的强化相,力学性能往往优于传统工艺制备的同类材料。机械合金化是一种合成细晶合金粉末材料的有效方法。

机械合金化是一个复杂的过程,因此要获得理想的相和微观结构,就需要优化设计一系列的影响参数。

1. 研磨装置

研磨类型生产机械合金化粉末的研磨装置是多种多样的,如行星磨、振动磨、搅拌磨等。它们的研磨能量、研磨效率、物料的污染程度以及研磨介质与研磨容器内壁的力的作用各不相同,故对研磨结果有至关重要的影响。研磨容器的材料及形状对研磨结果有重要影响。在研磨过程中,研磨介质对研磨容器内壁的撞击和摩擦作用会使研磨容器内壁的部分材料脱落而进入研磨物料中造成污染。常用的研磨容器的材料通常为淬火钢、工具钢、不锈钢、P>K>5 或 P>内衬淬火钢等。有时为了特殊的目的而选用特殊的材料。例如研磨物料中含有铜或钛时,为了减少污染而选用铜或钛研磨容器。

此外,研磨容器的形状也很重要,特别是内壁的形状设计。例如异形腔,就是在磨腔内安装固定滑板和凸块,使得磨腔断面由圆形变为异形,从而提高了介质的滑动速度,也产生了向心加速度,增强了介质间的摩擦作用,有利于合金化进程。

2. 研磨速度

研磨机的转速越高,就会有越多的能量传递给研磨物料。但是,并不是转速越高越好。这是因为,一方面,研磨机转速提高的同时,研磨介质的转速也会提高,当高到一定程度时研磨介质就紧贴于研磨容器内壁,而不能对研磨物料产生任何冲击作用,从而不利于塑性变形和合金化进程;另一方面,转速过高会使研磨系统升温过快,有时这是不利的,例如较高的温度可能会导致在研磨过程中形成的过饱和固溶体、非晶相或其他亚稳态相的分解。

3. 研磨时间

研磨时间是影响结果的最重要因素之一。在一定的条件下,随着研磨的进行,合金化程度会越来越高,颗粒尺寸会逐渐减小并最终形成一个稳定的平衡态,即颗粒的冷焊和破碎达到一动态平衡,此时颗粒尺寸不再发生变化。但另一方面,研磨时间越长,造成的污染也就越严重。因此,最佳研磨时间要根据所需的结果,通过实验综合确定。

4. 研磨介质

选择研磨介质时不仅要像研磨容器那样考虑其材料和形状,如球状、棒状等,还要考虑其密度以及尺寸的大小和分布等,以便对研磨物料产生足够的冲击,这些对最终产物都有着直接的影响。例如研磨 Ti-Al 混合粉末时,若采用直径为 15mm 的磨球,最终可得到固溶体;而若采用直径为 25mm 的磨球,在同样的条件下即使研磨更长的时间也得不到 Ti-Al 固溶体[20]。

5. 球料比

球料比指的是研磨介质与研磨物料的重量比,通常研磨介质是球状的,故称球料比。实验研究用的球料比在 1∶1～200∶1 范围内,大多数情况下为 15∶1 左右。当进行小量生产或实验时,这一比例可高达 50∶1 甚至 100∶1。

6. 充填率

研磨介质充填率指的是研磨介质的总体积占研磨容器的容积的百分率。研磨物料的充填率指的是研磨物料的松散容积占研磨介质之间空隙的百分率。若充填率过小,则会使生产率低下;若过高,则没有足够的空间使研磨介质和物料充分运动,以至于产生的冲击较小,不利于合金化进程。一般来说,振动磨中研磨介质充填率为 60%～80%,物料充填率为 100%～130%。

7. 气体环境

机械合金化是一个复杂的固相反应过程,球磨氛围、球磨强度、球磨时间等任意一个参数的变化都会影响合金化的过程甚至最终产物。在机械合金化过程中,由于球与球、球与罐之间的撞击,机械能转换成热能,使得球磨罐内的温度升得很高。同时,合金化过程中往往发生粒子的细化,并引入缺陷,自由能升高,很容易与球磨氛围中的氧等发生反应。因此,一般机械合金化过程中均以惰性气体如氩气等为保护气体。球磨气氛不同,会对合金化的反应方式、最终产物以及性质等造成显著影响。研磨的气体环境是产生污染的一个重要因素,因此,球磨一般在真空或惰性气体保护下进行。但有时为了特殊的目的,也需要在特殊的气体环境下研磨,例如当需要有相应的氮化物或氢化物生成时,可能会在氮气或氢气环境下进行研磨。

8. 过程控制剂

在MA过程中粉末严重的团聚、结块和黏壁现象大大阻碍了MA的进程。为此，常在过程中添加过程控制剂，如硬脂酸、固体石蜡、液体酒精和四氯化碳等，以降低粉末的团聚、黏球、黏壁以及研磨介质与研磨容器内壁的磨损，较好地控制粉末的成分和提高出粉率。

9. 研磨温度

无论MA的最终产物是固溶体、金属间化合物、纳米晶还是非晶相，都涉及扩散问题，而扩散又受到研磨温度的影响，故温度也是MA的一个重要影响因素。例如Ni-50%Zr粉末系统振动球磨，当在液氮冷却下研磨时，则15h没有发现非晶相的形成；而在200℃下研磨时，则发现粉末物料完全非晶化；室温下研磨时，则实现部分非晶化。

上述各因素并不是相互独立的，例如最佳研磨时间依赖于研磨类型、介质尺寸、研磨温度以及球料比等。

高能球磨（机械合金化）是少数几种能将两种或多种非互溶相均匀混合的方法之一，可实现平衡固溶体中固溶度的扩展或使有序合金和金属间化合物无序化，现在被广泛用来合成过饱和固溶体、纳米晶、亚稳态晶体等材料[2]。机械合金化具有均匀混合粉体、细化晶粒、活化烧结、降低烧结温度等优点，并且整个过程在室温固态下进行，无需高温熔化，工艺简单灵活，产量大[3~5]。近年来，国内外学者对高能球磨制备钨合金纳米晶粉体的过程参数进行了较多的研究，但多集中在W-Ni-Fe复合粉体的制备上[6~10]。TiC/W复合粉体与W-Ni-Fe延性相复合粉体的球磨过程必然存在差异，而目前国内外关于球磨制备TiC/W体系复合粉体的研究报道较少。在现有的研究中，制备TiC/W复合材料均采取的是短时间低转速的粉体制备工艺[11]，缺乏对粉体性能的分析，基本忽略了机械球磨对粉体性能的影响。值得注意的是，高能球磨制备纳米复合粉体时，高能球磨的过程参数决定着复合粉体的综合性能，从而最终影响复合材料的性能。球磨转速、球磨时间、球料比、液体介质比、球磨介质等因素在球磨过程中影响球磨效果，并对粉体性能产生重要影响，尤其是诸多因素的交互影响，使得球磨参数的选择较为困难。本章分析了这些因素对TiC/W复合粉体的影响，以探讨确定合适的球磨参数。

3.1 球磨机的粉碎机理

1. 行星效应

物体绕自轴以某一速度自转,又绕平行于自轴的固定轴线以另一角速度公转的运动叫做行星运动。行星转动系统如图3-1所示。在圆周B上均布转筒A,它们的自轴O_1相互平行,自转角速度均为ω_R。在一般情况下,转筒内周边处质量为m的物料的受力F_1为:

$$\vec{F}_1 = \vec{G}_R + \vec{G}_r + \vec{G}_k + mL\frac{d\vec{\omega}_R}{dr} \qquad (3-1)$$

式中,$\vec{G}_R = m\omega_R^2 L$为公转引起的离心力;$\vec{G}_r = m\omega_r^2 r$为自转引起的离心力;$\vec{G}_k = m\omega_R\omega_r r$为自转和公转共同作用引起的哥氏力;式(3-1)中等号右边第四项为自转角速度变化引起的向心力,当ω_R恒定时,此项为零。在行星转动系统中无论ω_R、ω_r的方向如何,均能找到一个ω_R值使转筒在周围的某一个区域E内物料的公转离心力$\vec{G}_R$大于其自转离心力$\vec{G}_r$。这样一来,对转筒便有一个向心力,而在转筒圆周其余区域D内,仍受离心分力的作用。行星效应现象如图3-2所示。在转筒内处于离心力作用区域D内的物料压向转筒内壁,但随着转筒绕轴O_1转动到达存在向心力区域E时,便会离开转筒内壁。行星转动系统的这种现象就是行星效应。行星效应用Z来表示,$Z=a/g$,a为向心力引起的向心加速度,$a=\omega_R^2 L$。当$\omega_R=0$,即磨筒平动时,则筒内物料全部受到a的作用,其作用相当于地心加速度g变为a,磨球重量增加Z倍,因此行星球磨是一种高能球磨。

2. 临界角速比

图3-3为行星球磨机磨球受力分析图,其中磨球的重力同其余力相比较小,因而忽略不计。当球处于离心区域,由公转和自转产生的离心力都使球压向筒壁,不大可能脱离筒壁。当磨球随筒壁转至向心区域时,则有可能脱离筒壁甩出,其中尤以图3-3(b)中位置为最有可能,因此可以用此位置作为磨球脱离的临界位置求得临界转速。

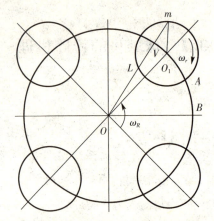

图 3-1 行星转动系统示意图

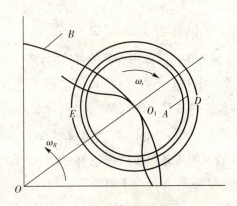

图 3-2 行星效应现象

磨筒绝对角速度 $\omega_T = \omega_R - \omega_r$,磨球在图 3-3(b)位置时有:

$$G_r = mr(\omega_R - \omega_r)^2 \qquad (3-2)$$

$$G_R = m(R-r)\omega_R^2 \qquad (3-3)$$

$$G_K = 2mr(\omega_R - \omega_r) \qquad (3-4)$$

为使磨球在该位置脱离筒壁,必须满足 $G_R + G_K \geqslant G_r$,即

$$m(R-r)\omega_R^2 + G_K = 2mr(\omega_R - \omega_r) \geqslant mr(\omega_R - \omega_r)^2 \qquad (3-5)$$

式(3-5)化简得到

第3章 高能球磨制备 TiC/W 复合粉体及其表征

$$|\omega T/\omega R| \leqslant \sqrt{\frac{R}{r}} \qquad (3-6)$$

式(3-6)即为磨球脱离筒壁的临界条件。

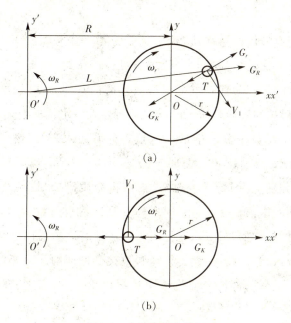

图 3-3 磨球受力分析

3. 磨碎机理

球磨筒自转和公转产生的离心力及球磨筒与磨球间的摩擦力等的作用,使磨球与物料在筒内产生相互冲击摩擦、上下翻滚等,这些运动起到了磨碎物料的作用。普通球磨时磨球是由筒体带到临界高度后做自由落体运动而冲击物料的。而在行星高能球磨机中,同样质量的磨球以数十倍于重力加速度的向心加速度冲击物料,使得磨球重量增加数十倍,极大地提高了冲击破碎能力。在行星球磨机中,球磨机转速不影响磨球和磨筒的脱离,因此可以提高球磨转速用以增加撞击频率。普通球磨机撞击频率一般为1次/秒~2次/秒,而行星球磨机的撞击频率可以达到10次/秒~15次/秒。另外,磨球脱离筒壁后,不像普通球磨机的磨球那样在筒内空间做抛落运动,而是贴附在筒壁上,利用相互间的擦动对粉体实现强烈碾压与搓揉,从而使破碎和球磨效率大大地提高。

3.2 液体介质比

按照是否有液体球磨介质,球磨可分为干法球磨和湿法球磨两种。干法球磨的具体方法是:将粉和磨球放入球磨罐,密封,抽真空后通入高纯氩气(纯度≥99.9%)作为保护气体。湿法球磨的具体方法是:将粉和磨球放入球磨罐,然后按照液体介质比向球磨罐内加入一定量的液体球磨介质(无水乙醇)和有机小分子分散剂,密封,抽真空后通入高纯氩气作保护气体。在其他球磨参数(球料比20∶1,球磨转速为300r/min,球磨时间为20h)相同的条件下,分别采用干法和湿法(改变液体介质比)球磨制粉,并用激光粒度仪测量粉体的中值粒径,结果如图3-4所示。可见,当液体介质比为0,即干法球磨时,粉体的粒径大,这是因为干法球磨后的粉体沉聚在球磨罐底部,磨球上黏有大量的粉体,使得粉体颗粒接受碰撞的几率降低。而在球磨的过程中加入适量的液体介质能够明显细化粉体,增加比表面。原因是多方面的:

(1)湿法球磨时,粉体在研磨球的搅拌作用下悬浮于液体中,不仅减少了粉体的黏球和黏壁现象,提高出粉率,而且增加了磨球与粉体的碰撞几率。

(2)根据Maurice-Courtney模型[15],粉体与磨球发生碰撞、摩擦等作用,使粉体颗粒变细,从而导致颗粒表面破裂,露出部分新鲜原子面。在不使用液体介质时,两颗粒的新鲜原子面相接触,原子间会发生键合,当键合力满足一定条件的时候,两颗粒发生焊合。在使用液体介质进行球磨时,颗粒的新鲜原子面被液体介质所包围,当两颗粒的新鲜原子面接触时,键合力由于液体介质的存在而减小,使得颗粒之间焊合的几率降低,从而增大了粉体的比表面。

(3)粉体细化所需要的能量与比表面能存在下面的关系[16]:

$$E = \gamma \cdot \Delta S \qquad (3-7)$$

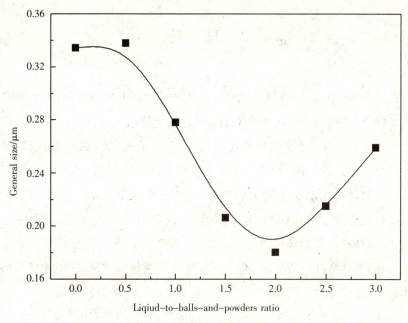

图 3-4 液体介质比与复合粉体中值粒径的关系

式中，E 为粉体细化所需要的能量；γ 为粉体的比表面能；ΔS 为粉体细化比表面增加量。由于液体介质的存在，粉体的比表面能 γ 下降。由公式(3-7)知，γ 下降使得粉体细化所需要的能量降低，从而缩短了粉体细化所需要的时间或者说在相同的时间内使得粉体颗粒更加细化。

液体添加量对粉体的性能有很大的影响。随着液体介质比的增加，粉体的粒径减小，但当液体介质比大于 2∶1 后，粉体的粒径有增大的趋势。在液体介质比较少的时候，液体介质的增加起不到分散粉体颗粒的作用，反而由于少量液体介质的存在，加快了粉体的团聚，不利于粉体的细化。而当液体介质比大于 2∶1 的时候，液体介质过多，过多的液体介质影响磨球的运动速度，减少磨球的碰撞频率，同样也不利于粉体的细化。因此，合适的液体介质比为 2∶1。

3.3 球磨转速

在其他球磨参数(球料比 20∶1,液体介质比 2∶1,球磨时间为 40h)相同的条件下,改变球磨转速制备粉体。图 3-5 给出了球磨转速与粉体中值粒径的关系。可见,随着球磨转速的提高,粉体的粒径急剧减小,当转速超过 400r/min 时,粉体的粒径趋于稳定。球磨转速较低时,磨球和粉体基本上是在球磨罐底做滚动或简单的平移,不能产生足够的向心力使磨球和粉体做抛物线运动。而提高球磨转速能够提高磨球的运动速度,增大两球的碰撞力,提高磨球对粉体的冲击力。同时,磨球与粉体的碰撞频率与球磨转速成正比,当球磨转速增加时,磨球与粉体的碰撞频率增加,使得单位时间内粉体颗粒的微观应变增加,从而使颗粒易于破碎。但球磨转速达到 400r/min 后,粉体的粒径已经基本达到极限值,增加球磨转速不足以提供粉体继续细化所需要的能量,粉体的粒径值趋于稳定。因此,合适的转速为 400r/min。

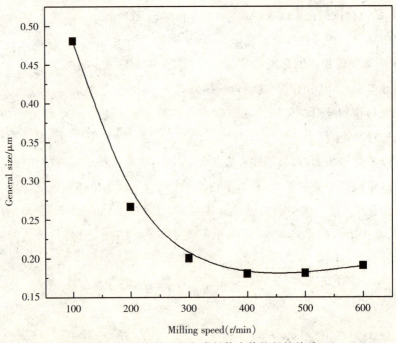

图 3-5 球磨转速与复合粉体中值粒径的关系

3.4 球料比

在液体介质比为 2∶1,球磨时间为 40h,球磨转速为 400r/min 的条件下,改变球料比制备粉体。图 3-6 给出了球料比与粉体的中值粒径的关系。从图中可以看出,粉体的粒径随着球料比的增加而减小。当球料比达到 10∶1 后,粉体的粒径变化不显著。粉体的颗粒尺寸与磨球对粉体的冲击力存在下面的关系[17]:

$$\sigma = (2E \cdot r/D)^{1/2} \tag{3-8}$$

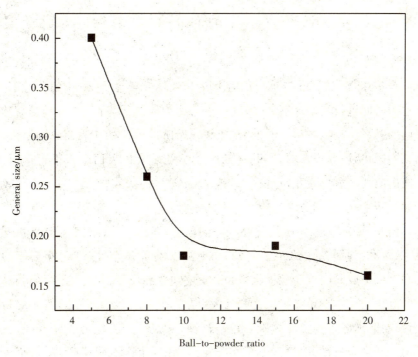

图 3-6 球料比与复合粉体中值粒径的关系

式中,σ 为球磨过程中击碎颗粒所需的冲击力;E 为弹性模量;r 为裂纹尖端半径;D 为颗粒尺寸。由式(3-8)可知,随着球料比的增加,磨球之间的碰撞频率增加,为粉体细化提供了更大的冲击力和冲击能,使得粉体粒径减小,比表面增加。随着球料比的继续增加,粉体粒径减小,粉体继续细化所需要的能量增加,而增大球料比所产生的冲击力和冲击能的增加不能满足粉体继续细化所需能量的增加,因此冲击能转变为热能和晶格畸变能,促进了晶粒的长大,不利于粉体晶粒的细化。综上,当球料比为(10~15)∶1时,高能球磨对粉体的细化效果最好,由于球料比与粉体的产量成反比,因此,球料比为10∶1最佳。

W的弹性模量(385GPa)和TiC的弹性模量(约460GPa~500GPa)都较高,其破碎所需要的冲击力也比较大,因此需要采用高密度的磨球。本文采用纯W球,在相同的条件下,能比普通不锈钢球产生更大的冲击力和冲击能,从而使所制备粉体的粒径更为细小。

3.5 球磨时间

在转速为400r/min、球料比为10∶1、液体介质比为2∶1的条件下,改变球磨时间进行高能球磨制粉。图3-7为粉体的比表面、中值粒径与球磨时间的关系。从图中可以看出,在球磨开始阶段粉体的比表面急剧增大,粒度急剧减小,但球磨40h后,粉体的中径粒度以及比表面趋于平稳,不再随时间的改变而急剧变化。球磨40h后,粉体的中值粒径达到180nm,比表面达到$2.3m^2/g$。

图3-8为TiC/W复合粉体经不同球磨时间的XRD衍射图谱。由图可见,随着球磨时间的延长,衍射峰和衍射强度不断宽化和降低。衍射峰的宽化和降低一般归因于晶粒细化引起的粒度加宽和应变加宽[18]。粉体的高能球磨过程是粉体颗粒经历反复锻延、冷焊合、断裂以及重焊的过程。对粉体而言,高能球磨过程使粉体颗粒被强烈塑性变形,产生应力和应变,并在颗粒内部产生大量的缺陷。根据XRD衍射图谱计算不同球磨时间的W和TiC的晶粒尺寸、晶格畸变,结果如图3-9(a)、(b)所示。从图中可见,W和TiC的晶粒尺寸在高能球磨的初始阶段急剧减小,球磨时间达到40h后趋于稳定。在球磨开始阶段,W和TiC的晶格畸变主要是磨球与粉体碰撞产生的原子水平的显微应变导致的,随着球磨时间的延长,W的晶格畸变逐渐增

第 3 章 高能球磨制备 TiC/W 复合粉体及其表征

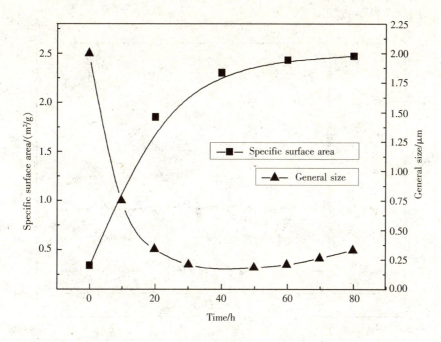

图 3-7 球磨时间与复合粉体的比表面、中值粒径的关系

加,而 TiC 的晶格畸变随着球磨时间的延长也逐渐增大,但增幅趋于稳定。球磨 40h 后,W 的晶粒尺寸细化为 16nm,晶格畸变达到 0.38%,TiC 的晶粒尺寸细化为 8.6nm,晶格畸变达到 0.36%。

通常在球磨初期,由于粉体晶粒与磨球的猛烈撞击,晶粒区域应变增加,引起缺陷密度增加,当区域切变带中缺陷密度达到某临界值时,晶粒破碎。这个过程不断重复,晶粒不断细化直至达到极限值。假定粉体原始晶粒度为 D_o,球磨时将颗粒的晶粒磨细到最终尺寸为 D_f 时所需要的能量为 W,则存在下面的关系:

$$W = g(D_f - D_o^{-2}) \qquad (3-9)$$

Sun Jun[19] 给出了钨晶粒断裂的临界应力:

$$\sigma_c = \left[\frac{3 E_W \Gamma_W \pi}{8(1-\gamma^2) R_0} \right]^{\frac{1}{2}} \qquad (3-10)$$

式中 E_W 为钨晶粒的弹性模量;Γ_W 为表面能;γ 为钨晶粒的泊松比;R_0 为钨晶

粒半径。

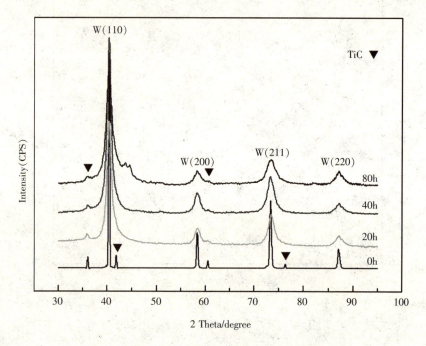

图3-8 TiC/W复合粉体不同球磨时间的XRD图谱

由式(3-9)、式(3-10)可知,晶粒越细,钨晶粒断裂的临界应力越大,晶粒断裂所需的能量也越大。因此当晶粒尺寸达到极限值后,仅靠球磨时间的延长不能满足晶粒断裂所需能量的增加,球磨时间的延长所增加的能量转化为晶格畸变能和晶粒的再结合能[20],导致晶粒尺寸增大。离子键及共价键的综合特性以及化合物的脆性决定了TiC比W更易细化,因此在球磨时间相同的情况下,TiC的晶粒尺寸小于W的晶粒尺寸。

图3-10(a)给出了未球磨粉体的粒径分布。从图可以看出粉末的最大粒径为6 μm,最小粒径为0.03 μm,粒径为1.8 μm的颗粒所占的比例(体积分数)最大,但仅占8.5%,可见球磨前粉末的粒径分布比较分散。图3-10(b)为在球料比为10∶1,液体介质比为2∶1,球磨时间为40h和球磨转速为400r/min条件下球磨后粉体的粒径分布。从图中可以看出粉末最大的粒径约0.9 μm,最小粒径约0.1 μm,粒径主要集中在0.1 μm～0.3 μm,粒径为0.18 μm的颗粒占粉体的21%,可见球磨后粉体的粒径分布明显集中。在

0.5 μm~0.9 μm 出现分布峰的原因可能是没有将团聚的纳米粉体颗粒完全分散。

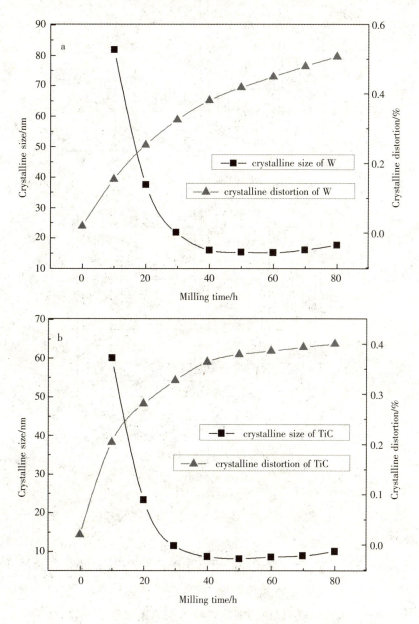

图 3-9 晶粒尺寸和晶格畸变与球磨时间的关系
(a)W 的晶粒尺寸、晶格畸变;(b)Tic 的晶粒尺寸和晶格畸变

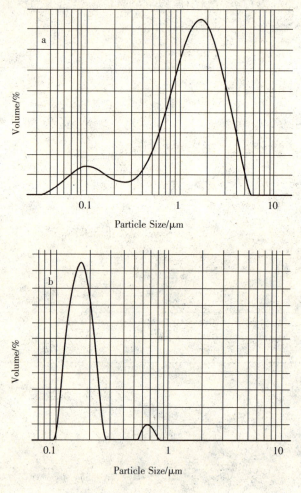

图 3 - 10　球磨前后粉体的粒径分布
(a)球磨前；(b)球磨后

图 3 - 11 为在不同球磨时间条件下所制备粉体的形貌。图 3 - 11(a)是未球磨粉体的形貌，粉体颗粒呈规则的球形或者多面体形状。图 3 - 11(b)是复合粉体球磨 20h 后的形貌，粉体粒径比球磨前大幅减小。在球磨开始时，依靠磨球的高速冲击将粉体颗粒击碎，使粉体粒径减小，但由于时间较短，球磨所提供的能量仅仅使一部分颗粒磨细到了最终尺寸，粉体中仍然有较大尺寸的颗粒存在，形状也极不规则，表面粗糙。图 3 - 11(c)是球磨 40h 后粉体的形貌，部分粉体颗粒出现黏结现象，形成层状复合组织。图 3 - 11

(d)是复合粉体球磨80h后的形貌,与球磨40h后粉体的形貌相比,部分粉体的粒径粗大,粉体形貌复杂,表面有严重塑性变形的痕迹。随着球磨时间的延长,磨球的剧烈碰撞及摩擦作用造成粉体颗粒表面塑性变形,使得粉体颗粒的焊合作用加强,而高能球磨的能量不足以继续细化粉体,导致部分粉体粒径变大。图3-12为球磨80h后出现的较大颗粒形貌。

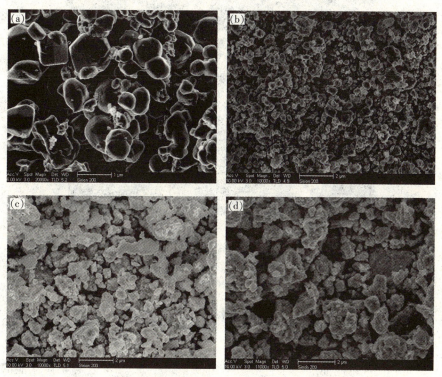

图3-11　10%TiC/W复合粉体形貌
(a)未球磨;(b)球磨20h;(c)球磨40h;(d)球磨80h

通过对球磨时间的研究,可知TiC/W复合粉体的制备过程可以大致分为三个阶段。第一阶段:磨球与粉体颗粒的剧烈碰撞,使粉体粒径急剧下降,直至达到极限粒径。粉体颗粒的形状不规则,具有锋利的边缘,表面粗糙。这个阶段磨球对粉体的机械破碎占主要优势。第二阶段:由于粉体粒径已经达到极限,磨球碰撞所提供的能量不足以使粉体破碎,磨球对粉体的摩擦作用使得粉体颗粒黏结形成层状复合组织。这个阶段磨球对粉体的摩擦作用占主要优势。第三阶段:当球磨时间继续增加时,在磨球的碰撞及摩擦作用下,颗粒与颗粒之间的焊合和破碎作用形成动态平衡,继续球磨对粉体粒度起伏有变化,但是总体趋势保持平衡,同时颗粒表面发生塑性变形,颗粒形貌变得更加复杂。

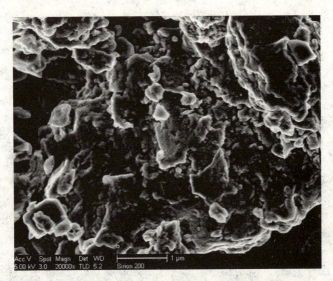

图 3-12 球磨 80h 后 TiC/W 复合粉体中大颗粒形貌

3.6 小 结

本章研究了高能球磨工艺参数对所制备 10% TiC/W 复合粉体性能的影响,得到了适合的球磨参数,研究了球磨后复合粉体的性能,并在此基础上对复合粉体球磨过程阶段进行划分。所取得的主要结论如下:

(1)球磨参数对所制备粉体影响显著,随着液体介质比的增加,粉体的粒径减小,但当液体介质比大于 2∶1 后,粉体的粒径有上升的趋势。粉体的粒径随着球磨转速的提高而急剧减小,随着球料比的增加而减小,随着球磨时间的延长也逐渐减小。

(2)采取球料比为 10∶1、液体介质比为 2∶1、球磨时间为 40h 和球磨转速为 400r/min 的球磨参数下制备粉体的粒径均匀,中值粒径为 180nm,颗粒形状近似球形,W 平均晶粒尺寸为 16nm,晶格畸变为 0.38%,TiC 平均晶粒尺寸为 8.6nm,晶格畸变为 0.36%。

(3)通过对球磨时间的研究得到 TiC/W 复合粉体的制备过程可以大致分为三个阶段。第一阶段:以磨球对粉体的机械破碎为主,粉体的粒径急剧减小;第二阶段:以磨球对粉体摩擦为主,粉体颗粒出现黏结,形成层状复合组织;第三阶段:在磨球的剧烈碰撞及摩擦作用下造成粉体颗粒表面塑性变形,使得粉体颗粒形貌变得更加复杂,颗粒与颗粒之间的焊合和破碎作用形成动态平衡,继续球磨使粉体粒度起伏有变化,但是总体趋势保持平衡。

参考文献

[1] 邹振光,李金莲,陈寒元. 高能球磨在复合材料制备中的应用[J]. 桂林工学院学报,2002,22(2):174~178

[2] C. Suryanarayana, I. Evanov, V. V. Boldyerv. The science and technology of mechanical alloying. [J]. Mater. Sci. Eng. A,2001,304~306:151~158

[3] 田开文,冯宏伟,吴红,等. 用高能球磨粉末制备的高比重钨合金的组织与性能[J]. 兵器材料科学与工程,2001,24(5):48~49

[4] 刘维平. 金属微粉的制备及其颗粒特性[J]. 中国粉体技术,2000,6(1):10~12

[5] 刘维平,黄庆梅. 高能球磨法制备铁钨微粉研究[J]. 粉体技术,1998,4(2):1~4

[6] Soon H Hong, Ho J Ryu. Combination of mechanical alloying and two-stage sintering of a 93W-5.6Ni-1.4Fe tungsten heavy alloy[J]. Mater. Sci. Eng. A,2001,344:253~260

[7] 张中武,周敬恩,席生歧,等. W-Ni-Fe 系机械合金化过程中的相变及热力学和动力学研究[J]. 稀有金属材料与工程,2004,33(10):1045~1048

[8] 范景莲,汪登龙,黄伯云,等. MA 制备 W-Ni-Fe 纳米晶复合粉体的工艺优化[J]. 中国有色金属学报,2004,14(1):6~12

[9] Ho J Ryu, Soon H Hong. Fabrication and properties of mechanically alloyed oxide-dispersed tungsten heavy alloys[J]. Mater. Sci. Eng. A,

2003,363:179~184

[10] 李强,李启寿,雷代富,等.纳米晶W粉和W-Ni-Fe预合金粉的制备[J].稀有金属材料与工程,2004,33(1):70~74

[11] 宋桂明,王玉金,周玉,等.TiC和ZrC颗粒增强钨基复合材料[J].固体火箭技术,1998,21(4):54~59

[12] 陈振华,陈鼎.机械合金化与固液反应球磨[M].北京:化学工业出版社,2006

[13] 龚姚腾,阙师鹏.行星球磨机动力学及计算机仿真[J].南方冶金学报,1997,2:101~105

[14] 张克仁,丁宁才.超细粉碎陶瓷材料的设备与理论分析[J].煤炭科学技术,1996,9:46~48

[15] Maurice D, Courtney T H. Modeling of Mechanical Alloying: Part I: Deformation, Coalescence and Fragmentation Mechanisms[J]. Metallurgical and Material Transactions,1994,A25:147~158

[16] Suryanarayana C. Mechanical alloying and milling[J]. Progress in Material Science,2001,46:1~184

[17] 范景莲,黄伯云,曲选辉,等.W-Ni-Fe高比重合金纳米晶预合金粉的制备[J].粉末冶金技术,1999,17(2):89~93

[18] Murty B S., Ranganathan S. Novel material synthesis by mechanical alloying/alloying[J]. Int. Mater. Rev.,1998,43(3):1~141

[19] Sun J. Strength for decohesion of spherical tungsten particle-matrix interface[J]. International Journal of Fracture,1990,42(1):51~56

[20] Fecht H J. Synthesis and properties of nanocrystalline metals and alloys prepared mechanical attribution[J]. Nanostructured materials,1992,(1):125~130

第4章 高能球磨TiC/W复合粉体的烧结致密化

对于TiC/W复合粉体而言,二者熔点较高,烧结致密化难度较大,通常需要采用特殊的烧结方法,如等离子体火花烧结、热压、热等静压烧结等。而高能球磨除了使粉体粒径细化外,还可使粉体具有严重的晶格畸变、高密度缺陷及纳米级的精细结构[1],能够提高粉体表面能和原子活性[2],在烧结时具有更大的烧结驱动力和更好的烧结性能。

第3章研究了高能球磨工艺参数对所制备TiC/W复合粉体性能的影响。本章探讨采用真空热压法制备TiC/W复合材料,探究制备TiC/W复合材料的工艺,研究高能球磨及烧结工艺参数对TiC/W复合材料组织性能的影响,并对高能球磨后粉体的烧结致密化机理进行了讨论。

4.1 烧 结

烧结是粉末冶金工艺的一个关键工序,通过烧结可以控制材料的显微组织结构。在本文中,烧结的目的是在保证TiC增强相均匀分布的前提下尽可能减小W颗粒的长大,最终提高W合金材料的综合性能。

烧结是使压坯或松装粉末体进一步结合起来,以提高强度及其他性能的一种高温处理工艺,是粉末冶金的重要工序之一。在烧结过程中,粉末颗粒要发生相互流动、扩散、熔解、再结晶等物理化学过程,使粉末体进一步致密,消除其中的部分或全部孔隙。烧结方法通常有以下几类[3]:

(1)固相烧结

烧结温度在粉末体中各组元的熔点以下,一般是$0.7T_m \sim 0.8T_m$(T_m为绝对熔点，以 K 计）。

(2) 液相烧结

粉末压坯中如果有两种以上的组元，烧结有可能在某种组元的熔点以上进行，因而烧结时粉末压坯中出现少量的液相。

(3) 加压烧结

在烧结时，对粉末体施加压力，以促进其致密化过程。加压烧结有时与热压（Hot Pressing）为同义词。热压是把粉末的成形和烧结结合起来，直接得到制品的工艺过程。

(4) 活化烧结

在烧结过程中采用某些物理或化学的措施，使烧结温度大大降低，烧结时间显著缩短，而烧结体的性能却得到改善和提高。

(5) 电火花烧结

粉末体在成型压制时通入直流电和脉冲电，使粉末颗粒间产生电弧而进行烧结。在烧结时逐渐对工件施加压力，把成型和烧结两个工序合并在一起。

(6) 熔渗

熔渗又称浸透。为了提高多孔毛坯的强度等性能，在高温下把多孔毛坯与能润湿其固态表面的液体金属或合金相接触，由于毛细管的作用力，液态金属会充填毛坯中的孔隙。这种工艺适合于制造钨银、钨铜、铁铜等合金材料或制品。

在烧结过程中，粉末体要经历一系列的物理化学变化，如水分或有机物的蒸发或挥发，吸附气体的排除，应力的消除，粉末颗粒表面氧化物的还原，颗粒间的物质迁移、再结晶、晶粒长大等，使颗粒间的晶体接触面增加，孔隙收缩甚至消失。出现液相时，还会发生固相的溶解与析出。这些过程彼此间并无明显的界限，而是互相重叠、互相影响，再加上其他烧结工艺条件，使整个烧结过程的反应复杂化。1942 年，德国许蒂希（G. F. Hüttig）利用物理化学的研究手段测定了烧结温度对烧结体的电动势、溶解度、密度、显微组织、力学性能等的影响，发现烧结是一个十分复杂的过程。1949 年，美国库琴斯基（G. C. Kuczynski）研究了金属球与金属板的烧结，认为烧结时的物质迁移主要是以扩散方式进行的。他们的工作把烧结理论的研究推向新的阶

第4章 高能球磨 TiC/W 复合粉体的烧结致密化

段。后来的许多研究工作都是围绕着烧结过程中的物质迁移机理进行的。

4.1.1 粉末烧结基本过程

烧结过程可分为以下三个阶段[3]。第一阶段是烧结初期,颗粒间的原始接触点或面转变成晶体结合,通过成核、结晶长大等过程形成烧结颈。在这一阶段,颗粒外形基本不变,整个烧结体不发生收缩,密度增加也极小,但是烧结体的强度和塑性由于颗粒间结合面增大而有明显的增加。第二阶段为烧结颈长大阶段,原子向颗粒结合面的大量迁移使烧结颈扩大,颗粒间距离缩小,形成连续的孔隙网络。同时由于晶粒长大,晶界越过孔隙移动,而被晶界扫过的地方,孔隙大量消失。烧结体收缩、密度和强度增加是这个阶段的主要特征。第三阶段为闭孔隙球化和缩小阶段。在这一阶段,多数孔隙被完全分隔,闭孔数量大为增加,孔隙形状趋近球形并不断缩小,最终通过一部分小孔的消失和合并来增加致密度。孔隙的合并产生大直径的孔隙,这些大的孔隙即使进行长时间的烧结也不容易消除,变成少数残留的孔隙。

4.1.2 粉末烧结动力学

粉末烧结过程是系统自由能减少的过程,即烧结体相对粉末体在一定条件下处于能量较低的状态。烧结系统自由能的降低是烧结过程的驱动力,包括以下方面:

(1)由于颗粒结合面的增大和颗粒表面的平直化,粉末体的总比表面积和总表面自由能减少;

(2)烧结体内孔隙的总体积和总表面积减小;

(3)粉末颗粒内晶格畸变消除。

根据六种物质迁移机制(黏性流动、蒸发和凝聚、体积扩散、表面扩散、晶界扩散、塑性流动),在理论上推出烧结的动力学方程通式为:

$$\frac{x^m}{a^n} = F(T) \cdot t \qquad (4-1)$$

式中,$F(T)$仅是温度的函数,在不同的烧结机制中,包含不同的物理常数。

各烧结机构特征方程的差别反映在指数 m 和 n 上,其中 $m>n>0$。因此,在烧结过程中,随着烧结时间的增加,烧结速度降低。对于典型的体积扩散、表面扩散和晶界扩散,其动力学方程分别为

$$\text{对于体积扩散}:\frac{x^3}{a^2}=\frac{80\gamma_s\delta^3}{kT}D_V t \qquad (4-2)$$

$$\text{对于表面扩散}:\frac{x^7}{a^3}=\frac{56\gamma_s\delta^4}{kT}D_S t \qquad (4-3)$$

$$\text{对于晶界扩散}:\frac{x^6}{a^2}=\frac{12\gamma_s\delta^4}{kT}D_B t \qquad (4-4)$$

式中,D_S、D_V、D_B 分别为原子体积、表面和晶界扩散系数;δ 为晶格常数;γ_s 为粉末材料的表面张力,与温度有关。

烧结过程中物质迁移,一般认为有下列五种机理:黏性或塑性流动,蒸发和凝聚,体积扩散,晶界扩散,表面扩散。两个相互接触的球形颗粒烧结时,接触颈部半径 x 的增长与烧结时间 t 可能有下列关系:

黏性或塑性流动 $\qquad x^2 \propto t$

蒸发和凝聚 $\qquad x^3 \propto t$

体积扩散 $\qquad x^5 \propto t$

晶界扩散 $\qquad x^6 \propto t$

表面扩散 $\qquad x^7 \propto t$

烧结过程中,烧结体的组织结构会发生复杂的变化。首先粉末颗粒间的接触点和接触面随时间的延长逐渐扩大,同时孔隙要发生收缩,渐呈球形。有些孔隙与外界连通成为开口孔,有些孔隙则成为孤立的闭口孔。粉末颗粒由于在压制过程中发生了变形,因此在烧结时要发生再结晶和晶粒长大。西泽龙(G. Cizeron)和拉孔布(P. Lacombe)报道过羰基铁粉的实验情况,890℃在氢气中烧结时,随着烧结时间的延长,可以看到晶粒的长大,而孔隙则从微细分散的孔隙变成较粗大集中的孔隙,数量越来越少,最后趋向

第4章　高能球磨 TiC/W 复合粉体的烧结致密化

消失。多组元的压坯在烧结时还要发生扩散均匀化，形成固溶体或化合物。粉末颗粒的大小、形貌和成型、烧结工艺等对压坯的再结晶、晶粒大小、均匀化等均有影响。

烧结必须在有保护气氛的烧结炉内进行，以避免烧结体氧化，或发生不利的化学反应。烧结炉的种类很多，可用天然气、煤气、油、电等作热源。电加热炉经济方便，易于调节控制。常用的保护气氛有真空、氩、氦、氮、二氧化碳等惰性气体和氢、分解氨、一氧化碳、转化天然气等还原性气体。

为了进一步提高烧结制品的使用性能以及尺寸和形状精度，往往要进行整形、精整、复压、浸油、机械加工、热处理等后续工序。

烧结是指粉末或压坯在一定的外界条件和低于主要组元熔点的烧结温度下，所发生的粉末颗粒表面缩小、孔隙体积减小的过程。热压理论的研究较工艺的应用要晚得多。较完整的理论直到20世纪50年代中期才形成，60年代才有较大的发展。热压理论的核心在于研究致密化的规律和机构。热压致密化理论是在黏性或塑性流动烧结理论的基础上建立起来的，因为热压与依存于温度变化的物质阻力和黏滞性系数等有密切的关系而不能引进普通烧结的体积扩散机理。像玻璃那样的非晶体物质可能用黏性流动来进行致密化。离子结晶和金属可能由塑性流动来进行致密化，而像有些软质金属，如 Cu、Pb、Au 等，热压温度低、压力大，由塑性变形引起的致密化占主要地位。另外，在普通热压条件下的热压后期阶段，致密化速度特别慢。像氧化物、碳化物那样的硬质粉末的热压，是由扩散机理的致密化占主要地位的。因此，热压主要机理可以说是关于各种物质在各种条件下发生的各种变化。热压致密化理论主要沿着两个方向研究与发展：①热压的动力学即致密化方程式，分为理论和经验两类，前者由塑性流动理论和扩散蠕变理论导出；②热压致密化理论，包括颗粒相互滑移、颗粒的破碎、塑性变形以及体积扩散等。

4.1.3　W-TiC 复合材料的烧结特点

W-TiC 复合材料的烧结特点如下：

(1) W-TiC 的烧结过程属于互不溶系固相烧结。

(2) W-TiC 复合材料通常要求在接近致密状态下使用，因此一般采用特殊的烧结方法,如等离子体火花烧结、热压、热等静压烧结等,或者在固相烧结后采用复压复烧、烧结锻造、热轧、热挤等补充致密化或热成形工艺。

(3)当 W-TiC 复合材料接近完全致密时,有许多性能同组分的体积含量之间存在线性关系,称为加和规律。根据加和规律可以由组分含量近似地确定合金的性能,或者由性能估计合金所需的组分含量。

(4)W、TiC 颗粒间的结合界面对材料的烧结性能及强度影响很大。固相烧结时,颗粒表面上微量的其他物质生成的液相,或者添加少量元素加速颗粒表面原子的扩散以及表面氧化膜对异类粉末的反应等都有可能提高原子的活性或者加速烧结过程。

(5)W、TiC 组分都有互相阻碍再结晶和晶粒长大的作用,TiC 的大小和分布状态对材料性能的影响显著。

4.2　TiC/W 复合材料的相对密度

4.2.1　TiC 含量对 TiC/W 复合材料相对密度的影响

图 4-1 为采用 1900℃/25MPa/120min 烧结工艺制备的 TiC/W 复合材料密度和相对致密度与 TiC 含量的关系曲线。由图可知,复合材料的密度和相对密度均随着 TiC 含量的增加逐渐下降。本实验中纯钨的密度为 18.27g/cm^3,相对密度为 95.2%。TiC 含量为 1% 时,复合材料的密度为 17.69g/cm^3,相对密度为 95.8%。当 TiC 含量增加至 10% 时,复合材料的密度已下降至 13.77g/cm^3,相对密度为 92.5%。钨的熔点为 3410℃,需要的烧结温度较高,而 TiC 熔点为 3067℃,且为共价键化合物,与纯钨相比在高温下更难发生塑性变形和物质迁移。虽然烧结过程中,钨原子向 TiC 晶格内扩散能够在一定程度上有利于复合材料的致密化,但是随着 TiC 含量增加,W 粉与 TiC 混合均匀性降低,TiC/TiC 界面增多,TiC 颗粒团聚几率增大,使得 TiC 自身烧结性降低,从而降低复合材料的烧结性,导致复合材料相对密度下降。

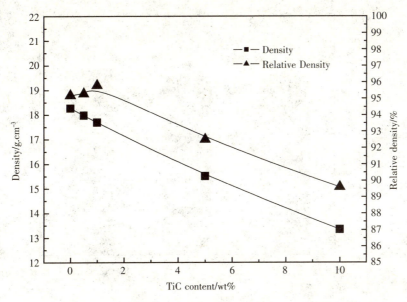

图 4-1　TiC/W 复合材料密度和致密度与 TiC 含量的关系

4.2.2　烧结工艺对 TiC/W 复合材料相对密度的影响

烧结是一个复杂的过程,受到烧结温度、保温时间、压力以及粉体的性能等诸多因素的影响。仅仅依靠 W 原子向 TiC 晶格内扩散促进致密化是远远不够的,必须通过提高烧结温度、延长保温时间等手段来提高复合粉体的烧结性。图 4-2 为采用三种烧结工艺制备的 10%TiC/W 复合材料相对密度的变化情况。由图可知,在烧结工艺中的两个参数——烧结温度和烧结时间中,烧结温度对相对密度的影响比较明显。虽然复合材料在 1900℃ 保温 120min 时,相对密度约为 89.6%,但当烧结温度提高到 2300℃ 时,即使仅保温 30min,相对密度也已达到 93.3%,而 1900℃/30MPa/120min 工艺制备的纯钨的相对密度为 95.2%。可见烧结温度在 TiC/W 复合材料致密化过程中起着主导作用,提高烧结温度对于提高 TiC/W 复合材料的烧结性较为有效。烧结是复合材料制备工艺中的关键工序,适当提高烧结温度、延长保温时间能够促进复合材料的烧结,但是并不意味着烧结温度越高、保温时间越长就越好。烧结温度过高或保温时间过长容易导致"过烧",造成再结晶和晶粒的异常长大[4],反而导致复合材料力学性能下降。

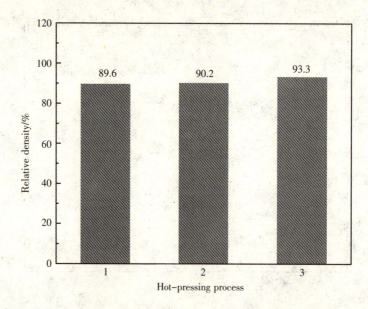

图 4-2 热压烧结工艺对 10%TiC/W 复合材料致密度的影响

1—1900℃/25MPa/120min；2—2100℃/25MPa/90min；3—2300℃/25MPa/30min

4.2.3 球磨时间对 TiC/W 复合材料相对密度的影响

图 4-3 为 2100℃/25Mpa/90min 烧结工艺下，粉体球磨时间与相对密度的关系。由图可知，10%TiC/W 复合材料的相对密度随球磨时间的延长而增大。即在 2100℃/25Mpa/90min 烧结工艺下，球磨 20h 后复合材料相对密度已提高到 92.5%。这表明球磨后的复合粉体的烧结性得到了提高，其主要原因在于：一方面，延长球磨混粉时间可以提高粉体混合的均匀性；另一方面，球磨过程中粉体受到冲击发生变形而细化晶粒，并且产生大量晶格缺陷和纳米晶晶界，粉体表面能较高，使系统的自由能、原子活性和分布在纳米晶界上的原子数增加，从而促进了原子扩散。同时，球磨使粉末之间的混合达到原子级水平[1]。根据位错密度估算，$\rho_d = 3n/d^2$（n 为单位面积的位错数，d 为晶粒尺寸），未球磨 $\rho_d = 10^6/cm^2 \sim 10^8/cm^2$，球磨后 $\rho_d = 10^{10}/cm^2 \sim 10^{12}/cm^2$，球磨后这些大量存在的缺陷利于原子扩散和物质迁移[5]，因而在烧结过程中，原子扩散距离缩短，并提高了烧结驱动力和烧结动力学因子，使烧结易于致密化。但是，这并不意味着仅仅依靠延长球磨时间就可

以完全提高复合材料的相对密度。球磨时间太长,容易使复合材料中产生大量的杂质,而这些杂质对复合材料的性能有重要影响。

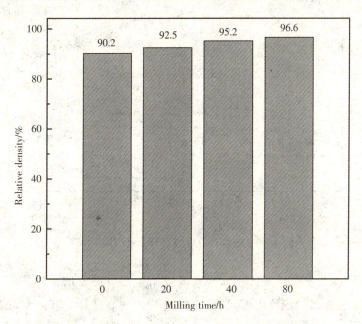

图 4-3　球磨时间对 10%TiC/W 复合材料致密度的影响

4.2　高能球磨对 TiC/W 复合材料组织性能的影响

图 4-4 是烧结前后 10%TiC/W 复合材料的 XRD 图谱。由图可知,烧结后没有大量新相生成,W 和 TiC 的衍射峰强度略有降低,而且 TiC 的衍射峰出现宽化和向高角位移动。由布拉格方程 $2d\sin\theta=\lambda$ 可知,烧结后 TiC 晶面间距 d 变小,即 TiC 的晶格常数在烧结后变小。文献[6]研究表明,在复合材料烧结过程中,W 原子向 TiC 晶格内扩散取代 Ti 形成(Ti,W)C 固溶体,形成的(Ti,W)C 固溶体仍保持 TiC 型的晶体结构,因此在 XRD 图谱上的 TiC 衍射峰实际上为(Ti,W)C 固溶体的衍射峰。

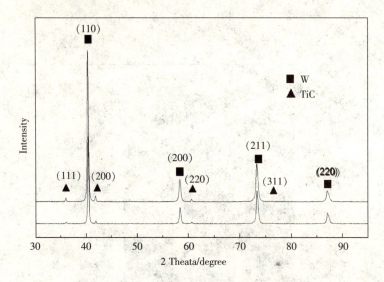

图 4-4 10%TiC/W 复合材料的 XRD 图谱

图 4-5 为 2100℃/25MPa/90min 烧结工艺下制备的 10%TiCW 复合材料的金相显微组织。由图可知，未球磨粉体的烧结体中 TiC 颗粒团聚现象严重，且烧结体中孔隙较多。球磨时间达 20h 时，TiC 颗粒团聚现象较其未球磨时已有所改观，并且烧结体中的孔隙已减少，表明此时复合材料的相对密度得到提高。当粉体球磨时间达 40h 后，TiC 颗粒已弥散均匀分布在钨基体中，颗粒形貌近似呈球状。

图 4-6 为不同球磨时间 10%TiC/W 复合材料抗弯强度的变化。由图可知，随着球磨时间的延长，抗弯强度逐渐增大但增幅变缓。未球磨时，抗弯强度值为 612MPa；球磨时间增至 20h 时，抗弯强度值已达到 751MPa；但是球磨至 80h，抗弯强度却出现下降。图 4-7 为不同球磨时间 10%TiC/W 复合材料的断口形貌。可见未球磨时，复合材料的断口形貌为沿晶断裂，断口粗糙不平整，并清晰可见钨晶粒轮廓，晶粒间接合似乎不够紧密（图 4-7(a)）。球磨 20h 后，断口形貌已明显不同，虽然仍以沿晶断裂为主，但晶粒生长发育良好，钨晶粒间接合紧密（图 4-7(b)）。球磨 40h 后，复合材料的断口形貌与球磨 20h 的断口形貌有较大差异，出现沿晶断裂痕迹并且略显粗糙和凌乱，仔细观察还可以发现断口上有穿晶断裂的痕迹（图 4-7(c)）。球磨 80h 后，复合材料的断口较为平直，断面上观察不到细钨晶粒的形貌，而

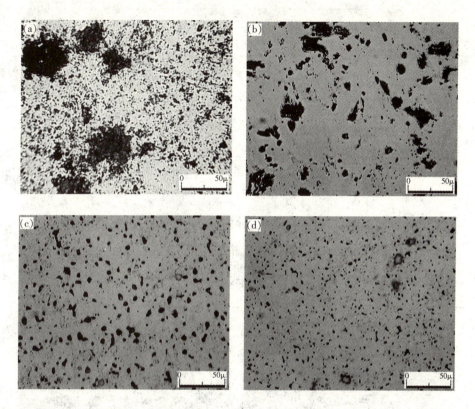

图 4-5 10%TiC/W 复合材料的金相显微组织
(a)未球磨;(b)球磨 20h;(c)球磨 40h;(d)球磨 80h

是显示出大块钨晶粒穿晶断裂的痕迹,并清晰可见 TiC 颗粒裹于钨晶粒内部。

综上可知,高能球磨有益于 TiC/W 复合材料相对密度的提高,并在一定程度上提高了复合材料的强度。但是,球磨时间超过 40h 后,复合材料的强度出现下降,这主要是由于球磨时间愈长,粉体颗粒之间的焊合作用愈强,导致粉体粒径变大,并且高能球磨使钨粉颗粒形成严重的塑性变形,包裹了 TiC 颗粒,导致烧结过程中钨晶粒发生了回复和再结晶,形成较大的钨颗粒,从而导致材料强度的下降。

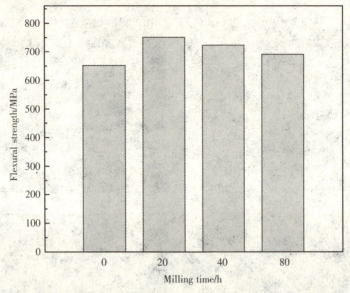

图 4-6　球磨时间对抗弯强度的影响

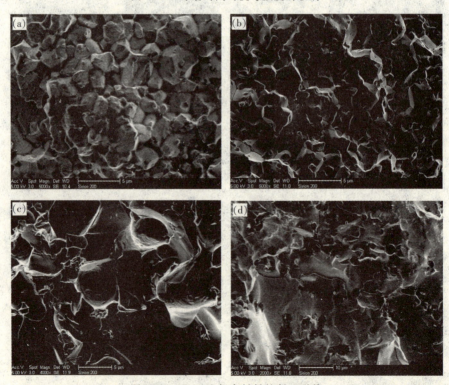

图 4-7　TiC/W 复合材料的断口形貌

(a)未球磨；(b)球磨 20h；(c)球磨 40h；(d)球磨 80h

4.3 高能球磨制备 TiC/W 复合材料的改进

由前述内容可知,高能球磨能够细化 TiC/W 复合粉体,促进 TiC/W 复合材料的致密化,提高复合材料的相对密度。但是随着球磨时间的延长,TiC/W 复合粉体形成 W 包覆 TiC 的颗粒结构,而且颗粒粒径较大,烧结后使得 TiC 颗粒裹于钨颗粒内部,而大颗粒的 W(TiC)包覆结构虽然提高了复合材料的相对密度,但是另一方面过于粗大的晶粒组织导致复合材料的强度较低。因此,考虑将钨粉和 TiC 粉分开球磨,其他条件不变,仅改变球磨时间,其中钨粉球磨 40h,TiC 粉球磨 40h,再以 200r/min 的球磨转速将二者混粉 5h,然后采用 2100℃/25MPa/90min 热压烧结工艺制备 10%TiC/W 复合材料。

4.3.1 TiC/W 复合粉体的分布

图 4-8 为 TiC 和 W 分别单独球磨 40h,然后混粉 5h 后的元素分布情况。由图可知,进行球磨混粉后,TiC 和 W 粉体分布较均匀。这样不但使粉体得到细化,而且避免了球磨时间较长引起的钨粉颗粒包覆 TiC 颗粒的现象,在烧结过程中 TiC 颗粒能够分布在钨晶粒的晶界上,抑制钨晶粒的长大,从而获得较高的相对密度和力学性能。

4.3.2 TiC/W 复合材料的性能

表 4-1 不同球磨方法制备 10%TiC/W 复合材料性能对比

	Density(g/cm³)	Relative Density(%)	Flexural Strength(MPa)
同时球磨 40h	14.18	95.2	723
单独球磨 40h	14.21	95.4	771

表 4-1 为采用不同球磨混粉方法制备的 10%TiC/W 复合材料相对密度和抗弯强度的对比。由表 4-1 可知,单独球磨然后混粉的方法在保证了

复合材料具有同一量级的相对密度的同时,提高了复合材料的强度。图4-9为这两种不同混粉方法制备的复合材料的断口形貌。将 TiC 和 W 同时球磨制备的复合材料断口平直,虽然断口上显示的为穿晶断裂,但是钨晶粒粗大,TiC 颗粒包裹于钨晶粒内部,其抑制钨晶粒长大的作用无从发挥(图4-9a)。将 TiC 和 W 单独球磨然后混粉制备的 10%TiC/W 复合材料断口清晰可见细晶钨的形貌,TiC 颗粒分布在钨晶粒晶界上,在烧结过程中能够阻碍晶界迁移,抑制钨晶粒的长大,具有明显的细晶强化效果。

根据 Hall-Petch 关系式可知,晶粒愈细小,材料的强度性能愈优。

$$\sigma = K/D^{1/2} \tag{4-5}$$

式中,K 为常数,通常表征晶界对强度的影响程度,一般为 $0.1 MN/m^{3/2}$。

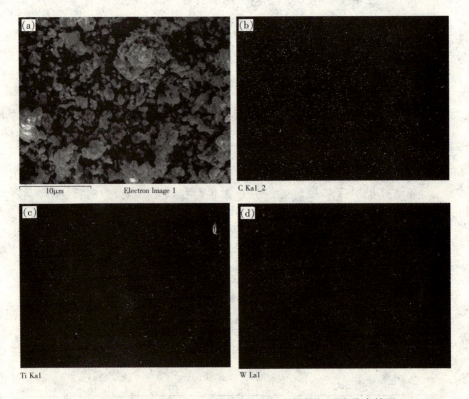

图 4-8 单独球磨 TiC 和 W 然后混粉复合粉体的元素分布情况

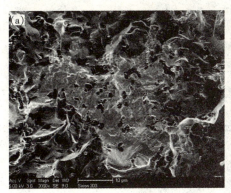 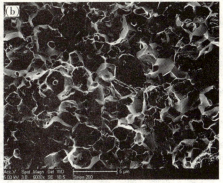

图 4-9　不同混粉球磨后 10%TiC/W 复合材料的断口形貌

4.4　TiC/W 复合材料的烧结

4.4.1　TiC/W 复合材料烧结特点

TiC 和 W 二者熔点较高,分别为 3067℃ 和 3410℃,同时由 TiC-W 二元相图可知(图 4-10),W-TiC 合金在 2700℃ 以上才有液相出现,故本实验中 2000℃ 左右的烧结为固相烧结,并且 W 原子向 TiC 晶格内扩散形成 (Ti,W)C 固溶体是 TiC/W 复合材料固相烧结的主要机制。对粉末冶金制品而言,材料的相对密度对性能的影响尤为重要,如果相对密度不能达到要求,材料的性能就无从谈起。对于本实验中的 TiC/W 复合材料而言,相对密度直接决定着复合材料的力学性能,而 TiC/W 复合材料的相对密度除了受到 TiC 含量的影响之外,还受到粉体性能以及烧结工艺的影响。

由 TiC-W 二元相图和 TiC/W 复合材料的相对密度变化规律,总结 TiC/W 复合材料的烧结特点如下:

(1) TiC/W 的烧结过程属于固相烧结。

(2) TiC 和 W 接触处出现液相的温度为 2700℃,明显低于二者的熔点,表明 TiC/W 界面处的烧结应该比纯钨和纯 TiC 的烧结容易。

(3) TiC/W 界面上 W 原子向 TiC 晶格内扩散形成 (Ti,W)C 固溶体,有

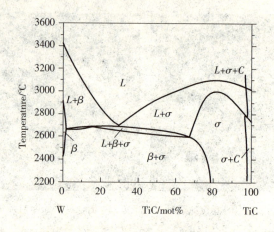

图 4-10 TiC-W 二元系平衡相图[7]

益于烧结,能够促进致密化。

(4)TiC 和 W 二者物理性质迥异,TiC 含量对 TiC/W 复合材料相对密度有较大影响。TiC 含量较高时,相对密度较低,表明复合材料较难以烧结。

(5)TiC/W 复合材料通常要求在接近致密状态下使用,因此必须采用特殊的烧结方法例如热压烧结,并对粉体进行高能球磨处理,以提高烧结驱动力和烧结动力学因子。

4.4.2 高能球磨 TiC/W 复合材料烧结机理讨论

粉末冶金 W 的相对密度一般在 90%~95%。TiC 由于是共价化学键,较 W 在高温下更难发生塑性变形和物质迁移,所以比 W 更难烧结,一般烧结温度应在 2000℃以上。本文采用高能球磨结合热压烧结方法在 2100℃温度下制备的 TiC/W 复合材料,其机理可根据烧结过程体系能量的变化进行如下理论分析。

高能球磨的机械活化作用,在高能球磨过程中颗粒细化产生了大量的表面,使得粉体具有极高的表面能,增大了烧结驱动力,球磨后粉体的晶格畸变严重,使得烧结驱动力和烧结动力学因子提高[8~9]。

考虑到烧结自由能的变化,TiC/W 粉体烧结驱动力 dG 可表示为

$$dG = \gamma_s dA_s + \gamma_b dA_b + pdV + \delta dV \tag{4-6}$$

式中,A_s、A_b、γ_s、γ_b 分别为总气孔表面积、总晶界面积、气孔单位表面能和晶

界单位表面能;p 为外部施加压力;δ 为单位晶格畸变能;V 是体积。则烧结势能为

$$\overline{\Delta\mu}=\frac{\mathrm{d}G}{\mathrm{d}\xi}=\frac{\gamma_s\mathrm{d}A_s+\gamma_b\mathrm{d}A_b+p\mathrm{d}V+\delta\mathrm{d}V}{\mathrm{d}\xi}=\phi\Omega\,\frac{\gamma_s\mathrm{d}A_s+\gamma_b\mathrm{d}A_b+p\mathrm{d}V+\delta\mathrm{d}V}{\mathrm{d}V}<0$$

(4-7)

式中,ξ 表示迁移原子数;ϕ 为效率因子,即由一个原子迁移引起粉末体的收缩与原子体积 Ω 之比。

根据 Eissle 无限小收缩时气孔-晶界交汇模型,烧结化学势可进一步表示为

$$\overline{\Delta\mu}=-\varphi\Omega\left(\frac{\gamma_s\chi_s}{\varphi}+\frac{1}{3}\frac{g}{C}\gamma_b+p+\delta\right)$$

(4-8)

式中,χ_s 为气孔曲率;g 为晶粒单元表面积和体积相关的几何因子。式(4-8)中括号内的前三项为弯曲气孔表面的毛细管力,倾向于减少粉末压坯实体尺寸、晶界表面张力以及外部施压压力,对于无压烧结,第三项为 0;最后一项 δ 值比未球磨的粉末高得多。括号中前两项分别随粉末颗粒和晶粒尺寸的减小而增大。粉末颗粒越小,晶粒尺寸越细小,晶格畸变能越高,式(4-8)中括号内第一、第二、第四项值均呈增加趋势。因此,球磨粉比未球磨粉的烧结化学势高。

当驱动原子从晶界迁移到烧结颈表面时,化学势 μ 将转变为烧结坯的收缩。根据原子的移动速率与烧结势成正比,有

$$\nabla^2\mu=k\,\overline{\Delta\mu}$$

(4-9)

如不考虑位错攀移,即晶粒内部无物质流动,则:$\nabla^2\mu_{晶内}=0$。由上式及式(4-8)结合气孔-晶界交汇模型可得

$$\nabla\mu(R)=4\,\frac{\overline{\Delta\mu}}{R}$$

(4-10)

则每一烧结颈部通过晶界的体积流通量为

$$J_b=2R\pi\,\nabla\mu(R)=\frac{\bar{\omega}_b D_b \alpha_b}{kT}=8\pi\,\overline{\Delta\mu}\,\frac{\bar{\omega}_b D_b \alpha_b}{kT}$$

(4-11)

再结合 Eadie 和 Weatherly 关于在颈部通过晶格的体积扩散能量估算

公式,可得

$$J_1 = 6\sqrt{\mu\Delta\mu}\frac{D_1\alpha_1\sqrt{g_1}C}{kT\sqrt{\phi Z}} \quad (4-12)$$

式(4-9)~式(4-11)中,∇为烧结坯收缩率;k 为常数;R 为烧结颈半径;ω_b 为晶界宽度;D_b、D_1 分别为晶界和晶格扩散时,由一种物质迁移的原子体积分数;C 为一个晶体单元的尺寸;Z 为晶粒配位数。

由于每个晶粒单元的体积变化速率为 $ZJ\Phi/2$,且 $J=J_1+J_b$,因此整个烧结坯的相对致密速率为

$$\dot{\rho}/\rho = (0.5ZJ\Phi)/(g_2C^3) \quad (4-13)$$

由上面几式可知,球磨使复合粉体的界面能、晶界能和晶格畸变能均有增加,烧结驱动力增大,球磨产生的晶粒细化导致 C 值减少,因而也使其烧结动力学因子增大,相对致密速率提高。降低 C 值对相对密度提高的效果远比改变其他烧结参数(如增大烧结压力、提高烧结温度等)的效果显著,表明高能球磨对粉体烧结致密化行为的促进作用是非常显著的。

4.5 小 结

(1) 1900℃/25MPa/120min 工艺制备的 TiC/W 复合材料的密度随 TiC 含量的逐渐增加而降低,纯钨的密度为 18.27g/cm³,相对密度为 95.2%。TiC 含量为 1%时,复合材料的密度为 17.69g/cm³,相对密度为 95.8%;当 TiC 含量增加至 10%时,复合材料的密度已下降至 13.77g/cm³,相对密度为 89.6%。

(2) 10%TiC/W 复合材料在 1900℃时保温 120min,相对密度约为 92.5%;烧结温度提高到 2300℃时保温 30min,相对密度已达到 93.3%。

(3) 10%TiC/W 复合材料的相对密度随球磨时间的延长而增大,复合粉体球磨 80h,在 2100℃/25MPa/90min 烧结工艺下相对密度达到 96.6%。

(4) 未球磨粉体的烧结体中 TiC 颗粒团聚现象严重,且烧结体中孔隙较多;球磨时间为 20h 时,TiC 颗粒团聚现象较之未球磨已有所改观,并且烧结

体中的孔隙已减少；当粉体球磨时间达 40h 后，TiC 颗粒已弥散、均匀分布在钨基体中，颗粒形貌近似呈球状。

(5) 未球磨时，复合材料的断口形貌为沿晶断裂，断口粗糙不平整，并清晰可见钨晶粒轮廓，晶粒间接合不够紧密。球磨 20h 后，仍以沿晶断裂为主，但晶粒发育良好，晶粒间接合紧密。球磨 40h 后，沿晶断裂痕迹略显粗糙和凌乱，断口上有少量穿晶断裂的痕迹。球磨 80h 后，断口平直，钨晶粒较粗大。

(6) TiC/W 复合粉体同时球磨能够提高复合材料的相对密度，但是晶粒粗大导致复合材料的强度降低，采用将 TiC 和 W 分别单独球磨 40h、然后混粉的方法，不但能够保证复合材料具有较高的相对密度，而且获得的细晶钨组织，有利于提高复合材料的强度。

参考文献

[1] 黄伯云,范景莲,梁淑全,曲选辉. 纳米晶 W-Ni-Fe 粉的流变行为和烧结特性[J]. 粉末冶金材料科学与工程,1999,4(3):169～174

[2] 范景莲,黄伯云,曲选辉. 高能球磨合成 W-Ni-Fe 纳米复合粉末特性[J]. 粉末冶金材料科学与工程,1999,4(4):256～260

[3] 黄培云. 粉末冶金原理[M]. 北京：冶金工业出版社,2000

[4] 蒋阳,许煜汾. 稀土氧化物 CeO_2 对 ZTA 陶瓷的结构及力学性能影响的研究[J]. 合肥工业大学学报,1995,18(3):66～70

[5] 范景莲,曲选辉,李益民,刘绍军,黄伯云. 高能球磨钨基高密度合金超细粉末的烧结[J]. 中南工业大学学报,1998,29(5):450～453

[6] 王玉金,周玉,宋桂明,吕德生,雷廷权. 20Wf/30ZrCp/W 复合材料的组织结构与力学性能[J]. 中国有色金属学报,2001,11(3):472～476

[7] 宋桂明. TiCp/W 及 ZrCp/W 复合材料的组织性能与热震行为[D]. 哈尔滨：哈尔滨工业大学,1999

[8] 贾成厂,刘小扬,谢子章,等. 用机械活化粉末制备钨合金[J]. 清华大学学报(自然科学版),1999,139(6):35～38

[9] 吴怡芳,冯勇,李金山,等. 高能球磨 Mg/B 复合粉体的反应烧结致密行为[J]. 稀有金属材料与工程,2006,35(10):1673～1676

第5章 颗粒增强复合材料的制备与力学性能

钨具有高熔点、导电导热性好、低溅射腐蚀速率、热膨胀系数小、低蒸气压以及优良的高温强度等优点,已在航空航天、冶金、汽车、电子、国防等众多领域得到广泛应用。随着现代科学技术的发展,钨和钨合金的应用领域正在不断扩大。

目前,钨已被选用为 ITER(International Thermonuclear Experimental Reactor)偏转器中的等离子壁材料[1]。然而,钨具有低温脆性、高温强度低、韧脆转变温度较高(DBTT≥200℃～400℃)、再结晶温度低、辐照硬化和脆化以及难以加工等应用缺陷[2]。等离子壁材料对钨的高温性能,特别是综合性能(热载冲击、中子辐照和高能粒子轰击)提出了较高的要求。纯钨已不能满足如此苛刻的工作条件。为了提高钨的高温力学性能,研究人员采用各种途径来强化钨,碳化物颗粒强化是其中的有效途径之一。

ⅣB、ⅤB、ⅥB族金属与碳形成的金属型碳化物,由于碳原子半径小,能填充于金属晶格的空隙中,并保留金属原有的晶格形式,形成间隙固溶体。在适当的条件下,这类固溶体还能继续溶解它的组成元素,直到饱和。因此,它们的组成可以在一定范围内变动(例如,碳化钛的组成就在 $TiC_{0.5}$～TiC 之间变动),化学式不符合化合价规则。当溶解的碳含量超过某个极限时(例如碳化钛中 Ti∶C=1∶1),晶格类型将发生变化,原金属晶格转变成另一种形式的金属晶格,这时的间隙固溶体叫做间隙化合物。金属型碳化物,尤其是ⅣB、ⅤB、ⅥB族金属碳化物的熔点都在 3273K 以上,其中碳化铪、碳化钽分别为 4160K 和 4150K,是目前所知道的物质中熔点最高的。大多数碳化物的硬度很大,它们的显微硬度大于 $1800kg/mm^2$(显微硬度是硬度表示方法之一,多用于硬质合金和硬质化合物。许多碳化物高温下不易分解，抗氧化能力比其组分金属强。碳化钛在所有碳化物中热稳定性最好，是一种非常重要的金属型碳化物。然而，在氧化气氛中，所有碳化物在高温下都容易被氧化，可以说这是碳化物的一大弱点。除碳原子外，氮原子、硼原子也能进入金属晶格的空隙中，形成间隙固溶体。它们与间隙型碳化物的性质相似，能导电导热、熔点高、硬度大，同时脆性也大。

TiC 是一种常用的陶瓷基复合材料的增强体。如 TiC/Al_2O_3、TiC/Si_3N_4 和 TiC/SiC 复合材料均具有很好的耐磨性，已被用来制造切削工具。在 Si_3N_4 陶瓷中引入 TiC 颗粒，可提高材料的断裂韧性。例如，当 TiC 的加入量为 20%(vol.)时，材料的韧性可提高 50%。在 TiC-Si_3N_4 体系中，增韧机理是裂纹尖端被 TiC 颗粒钉扎和微裂纹增韧，但是当 TiC 的加入量太多时，材料的强度下降。碳化钛 TiC 是碳化硅陶瓷良好的增强体。原因有以下几点：(1) TiC 的热膨胀系数($7.4×10^{-6}℃^{-1}$)比 SiC 大，在界面上存在残留张应力场，将促使裂纹偏析；(2) TiC 晶粒有五个滑移系，且在 800℃ 以上呈延性；(3) 在常规的热压温度下，TiC 与 SiC 化学相容。SiC-TiC 复合材料的韧性、强度与碳化钛颗粒的加入量、颗粒的大小、分布状态以及添加剂有关。研究人员向钨中加入 TiC、ZrC 等碳化物来提高钨的高温强度和韧性，Kurishita 等[3~11]通过高能球磨、热等静压及后续热锻和热轧工艺制备了 TiCp/W 复合材料。在热等静压前，W 和 TiC 粉末要经过高能球磨处理，球磨后 W 和 TiC 的粒度明显下降，晶粒尺寸达到纳米级。烧结后，W 的晶粒尺寸受 TiC 颗粒含量和热等静压温度的控制，TiC 颗粒大多集中在晶界，尺寸从几个纳米到几十个纳米。经检测，纯 W 的 DBTT 不超过 544K，而 W-0.2wt%TiC 的 DBTT 仅仅为 440K，这表明 TiC 颗粒能够使合金的 DBTT 下降。W-0.2wt%TiC 样品分别加热到 2073K、2273K、2473K，保温 1h，利用 TEM 在加热温度下观察样品的显微结构变化。结果表明，W-0.2wt%TiC 的重结晶温度约 2273K~2473K，比纯 W 的重结晶温度高出 850K。TiC 颗粒能够明显提高合金的重结晶温度。高温下，晶界上的 TiC 颗粒能有效抑制合金中晶界的移动。随着 TiC 含量的增加，这种钉轧作用越明显。W-0.5wt%TiC 样品在 2473K 温度下保温 1h，显微结构分析表明，W 晶粒没有重结晶和晶粒长大，这意味着 TiC 颗粒含量更高的 W-0.5wt%TiC 的重结晶温度将高于 2473K。

宋桂明等[12]设计并采用热压烧结的方法成功制备了 TiCp/W 复合材料。结果表明,复合材料体系的组元间有很好的热力学相容性和化学相容性,在异相界面处发生了 W 原子向 TiC 晶格的扩散,分别形成了(Ti,W)C 固溶体,促进了两相界面结合和复合材料的致密化。碳化物颗粒的加入,强烈阻碍了 W 晶粒的长大,并显著提高了复合材料的室温和高温力学性能。复合材料的抗弯强度和抗拉强度均随着实验温度的升高先增大后减小,在 800℃～1400℃时出现峰值。而扰压强度则随着温度的升高而单调下降。室温强化机制是细晶强化和第二相弥散强化。高温强化机理有:位错强化、细晶强化、界面强化及弥散强化。

高体积分数碳化物增强钨基复合材料的高温强度随温度的升高而提高,碳化物颗粒使裂纹在扩展时偏转,从而提高材料的断裂能。但是,高体积分数碳化物影响烧结致密化,导致相对密度低,室温力学性能不理想,其抗弯强度甚至低于纯钨[13～14]。而稀土氧化物化学性质独特,能够细化晶粒并对材料有掺杂改性的作用[15～19]。

稀土就是化学元素周期表中镧系元素——镧(La)、铈(Ce)、镨(Pr)、钕(Nd)、钷(Pm)、钐(Sm)、铕(Eu)、钆(Gd)、铽(Tb)、镝(Dy)、钬(Ho)、铒(Er)、铥(Tm)、镱(Yb)、镥(Lu),以及与镧系的 15 个元素密切相关的两个元素——钪(Sc)和钇(Y)共 17 种元素,称为稀土元素(Rare Earth),简称稀土(RE 或 R)。"稀土"一词是历史遗留下来的名称。稀土元素从 18 世纪末开始陆续发现,当时人们常把不溶于水的固体氧化物称为土。稀土一般是以氧化物状态分离出来的,又很稀少,因而得名稀土。通常把镧、铈、镨、钕、钷、钐、铕称为轻稀土或铈组稀土;把钆、铽、镝、钬、铒、铥、镱、镥钇称为重稀土或钇组稀土。也有的根据稀土元素物理化学性质的相似性和差异性,除钪之外(有的将钪划归稀散元素),划分成三组;轻稀土组为镧、铈、镨、钕、钷;中稀土组为钐、铕、钆、铽、镝;重稀土组为钬、铒、铥、镱、镥、钇。

大多数稀土金属呈现顺磁性。钆在 0℃时比铁具有更强的铁磁性。铽、镝、钬、铒等在低温下也呈现铁磁性。镧、铈的低熔点和钐、铕、镱的高蒸气压表现出稀土金属的物理性质有极大差异。钐、铕、钇的热中子吸收截面比广泛用于核反应堆控制材料的镉、硼还大。稀土金属具有可塑性,以钐和镱为最好。除镱外,钇组稀土较铈组稀土都具有更高的硬度。

稀土金属已广泛应用于电子、石油化工、冶金、机械、能源、轻工、环境保护、农业等领域。应用稀土可生产荧光材料、稀土金属氢化物电池材料、电光源材料、永磁材料、储氢材料、催化材料、精密陶瓷材料、激光材料、超导材料、磁致伸缩材料、磁致冷材料、磁光存储材料、光导纤维材料等。

在由钨和稀土元素的氧化物,如 CeO_2、La_2O_3、Y_2O_3 等所组成的钨合金中,一般稀土氧化物的含量为 0.5%～2%,它们以弥散质点存在于钨合金中,起弥散强化作用,以提高钨合金的高温强度、再结晶温度和高温蠕变性能。钨稀土合金还具有优良的电子发射性能、抗电弧烧蚀性能、好的电弧稳定性和可控制性。值得注意的是,目前在钨基复合材料的强化研究中,普遍采用的是加入单一强化剂,而对于钨基复合材料的复合强化研究较少。所谓复合强化是指将强化剂交叉使用,向钨基体中加入几种不同性质的强化剂。利用稀土氧化物和碳化物协同增强钨基复合材料的研究尚未见报道。

第 4 章介绍了采用机械高能球磨结合热压烧结的方法制备 TiC/W 复合材料,分析了 TiC 含量、烧结工艺及高能球磨对复合材料力学性能的影响。本章尝试向钨中加入稀土 La_2O_3 和碳化钛,研究材料配方组成和力学性能之间的关系,以确定材料成分的优化配比,同时研究了 La_2O_3-TiC/W 复合材料的组织结构,并讨论了稀土氧化物(La_2O_3)和碳化物(TiC)对钨的强韧化机制。

5.1 TiC-La_2O_3/W 复合材料成分设计与制备

钨基体中加入 TiC 后,复合材料的力学性能得到较大提高。但是 TiC 含量较高时,材料的相对密度受到影响,进而影响复合材料的力学性能。因此,在 TiC/W 复合材料中加入稀土氧化物 La_2O_3,必须考虑 TiC 和 La_2O_3 之间的成分配比问题。从材料设计角度而言,成分配比决定材料的组织结构和力学性能。对于本实验中制备的 TiC-La_2O_3/W 复合材料,材料成分设计见表 5-1。各成分的复合粉体均经机械高能球磨混粉 20h,球料比为 10∶1,液体介质比为 2∶1,球磨转速 400r/min。在球磨过程中,为了防止粉末在球磨过程中氧化,预先将球磨罐抽真空,再充入高纯氩气(纯度≥

99.99%)作为保护气体。球磨后的粉体置于惰性石墨模具中,放入真空度为 $1.3×10^{-3}$ Pa 的真空烧结炉中,在 2100℃、25MPa 压强下烧结 90min。

表 5-1 TiC-La$_2$O$_3$/W 复合材料的成分设计

序号	W/wt%	TiC/wt%	La$_2$O$_3$/wt%
1	100	0	0
2	99.5	0	0.5
3	99	0	1
4	98	0	2
5	95	5	0
6	94.5	5	0.5
7	94	5	1
8	93	5	2
9	90	10	0
10	89.5	10	0.5
11	89	10	1
12	88	10	2

5.2 TiC-La$_2$O$_3$/W 复合材料的力学性能

5.2.1 TiC-La$_2$O$_3$/W 复合材料的密度和相对密度

图 5-1 为 TiC-La$_2$O$_3$/W 复合材料的密度和相对密度。由图可知,随着 TiC 和 La$_2$O$_3$ 含量的增加,La$_2$O$_3$-TiC/W 复合材料的密度逐渐下降,复合材料成分为 2%La$_2$O$_3$-10%TiC/W 时,密度值仅为 13.16g/cm^3,远低于纯钨。密度下降的直接原因在于钨基体中加入了低密度的 TiC 和 La$_2$O$_3$ 颗

第 5 章 颗粒增强复合材料的制备与力学性能

粒。TiC-La_2O_3/W 复合材料的相对密度随 TiC 含量的增加而逐渐下降,而随着 La_2O_3 含量的增加而出现先增后降的趋势。复合材料的相对密度随 TiC 含量的增加而逐渐下降,主要是由于 TiC 为共价键组成,其化学性质稳定,熔点高,在 2100℃ 烧结时,很难发生塑性变形和物质迁移,且含量愈大,使得颗粒团聚几率大大增加,局部烧结性降低,愈难以致密化。当 TiC 含量较低(<5%)时,La_2O_3 的加入有益于相对密度的提高,特别是纯钨中加入 La_2O_3 颗粒后,相对密度一直呈上升趋势。但是当 TiC 含量为 5% 时,La_2O_3 超过 1% 后,相对密度出现下降趋势。La_2O_3 具有较高的化学活性,能够提高粉体的烧结活性,具有活化烧结、吸附杂质、降低杂质偏析等作用,在烧结过程中能够降低气孔率促进致密化[20-21]。适量的 La_2O_3 颗粒有助于相对密度的提高,尤其是当 TiC 含量较高(10%)时,过量的 La_2O_3 颗粒分布在晶界上阻碍烧结时的物质迁移[22]。但另一方面 TiC 和 La_2O_3 颗粒接触几率增大,烧结过程中二者之间不能进行物质扩散迁移,不利于复合材料的致密化,使得相对密度降低。

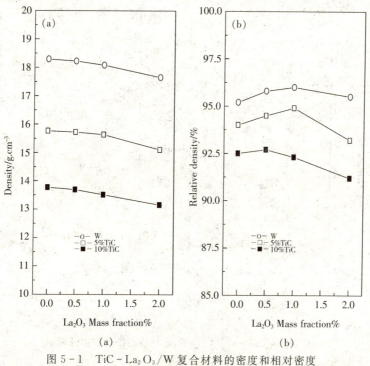

图 5-1　TiC-La_2O_3/W 复合材料的密度和相对密度

5.2.2 TiC-La$_2$O$_3$/W 复合材料的硬度和弹性模量

TiC-La$_2$O$_3$/W 复合材料的硬度和弹性模量如图 5-2 所示。由图可知，La$_2$O$_3$ 加入纯钨中，由于 La$_2$O$_3$ 加入后产生的细晶强化作用以及相对密度提高，使得其硬度变化呈现上升趋势。纯钨中加入 La$_2$O$_3$ 后，含量为 2% 时，硬度出现最大值 731.4HV$_{0.2}$。但是 La$_2$O$_3$ 对 TiC-La$_2$O$_3$/W 复合材料的硬度影响不大，特别是 TiC 含量较高(10%)时，硬度变化不明显。这是因为稀土添加含量相对较少，复合材料的硬度主要受高含量、高硬度 TiC 颗粒的影响。复合材料的弹性模量随着 TiC 和 La$_2$O$_3$ 含量的增加而增加，但是主要受 TiC 颗粒的影响。随着强化颗粒含量的增加，TiC-La$_2$O$_3$/W 复合材料弹性模量的上升幅度逐渐变缓，当 TiC 含量较高(10%)时，弹性模量的变化趋势几乎呈直线。纯钨加入 La$_2$O$_3$ 后，含量为 2% 时，弹性模量达到最大值 391GPa。一般而言，复合材料的弹性模量主要受组分性能与界面性能的影响[23]。当强化颗粒愈来愈多时，颗粒团聚几率增大，复合材料中出现相

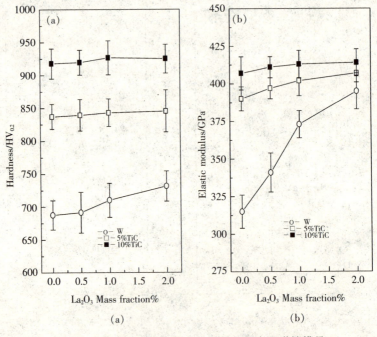

图 5-2 TiC-La$_2$O$_3$/W 复合材料的硬度和弹性模量

第 5 章 颗粒增强复合材料的制备与力学性能

对较多的 TiC-TiC 和 TiC-La$_2$O$_3$ 界面,这些结合较差的界面使得孔隙缺陷增多、相对密度降低,导致复合材料弹性模量上升趋势变缓。弹性模量对材料的相对密度较为敏感,二者之间符合指数关系[24~25]:

$$E=E_0\exp(-bp) \qquad (5-1)$$

式中,E_0 为孔隙率为 0 时的弹性模量;p 为气孔率;b 为常数。因此,随着孔隙率的增加,材料的弹性模量增幅变缓。上述两方面原因使得弹性模量呈现出图 5-2 所示的变化规律。

5.2.3 TiC-La$_2$O$_3$/W 复合材料的抗弯强度和断裂韧性

TiC-La$_2$O$_3$/W 复合材料的抗弯强度和断裂韧性如图 5-3 所示。单独加入 TiC 时,TiC/W 复合材料的抗弯强度随 TiC 含量的增加先增大。当 TiC 含量为 5wt% 时,抗弯强度出现最大值 863MPa,TiC 含量增加至 10wt% 时,强度下降到 771MPa。La$_2$O$_3$ 在 TiC 含量较低时(≤5wt%)作用较为明显,随着 La$_2$O$_3$ 含量增加,TiC-La$_2$O$_3$/W 复合材料抗弯强度逐渐增

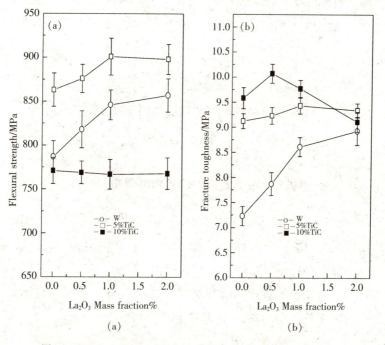

图 5-3　TiC-La$_2$O$_3$/W 复合材料的抗弯强度和断裂韧性

加,5%TiC-1%La_2O_3/W 成分配比时抗弯强度出现最大值 901MPa;但 La_2O_3 在 TiC 含量为 10%时对复合材料的强度影响不大。TiC-La_2O_3/W 复合材料的断裂韧性结果如图 5-3(b)所示,可见成分为 10%TiC-0.5% La_2O_3/W 时断裂韧性出现最大值 10.07MPa·$m^{1/2}$。La_2O_3-TiC 强化颗粒对其力学性能的影响比较复杂。复合材料的强度并不是二者的强化效果的简单叠加。本实验中可以发现,当 TiC 含量较低时,TiC-La_2O_3 协同强化效果明显;而 TiC 含量较高时,La_2O_3-TiC 协同强化效果不甚明显甚至产生弱化效果。图 5-3(b)所示 La_2O_3-10wt%TiC/W 的断裂韧性在 La_2O_3 含量增加至 2wt%时陡然下降就是弱化效果的体现。

对 TiC-La_2O_3/W 复合材料而言,TiC-La_2O_3 含量在一定范围内共同作用时的强化效果强于 La_2O_3 和 TiC 单独作用的强化效果,表明 TiC-La_2O_3 对钨基复合材料具有相互补强效果。通常复合材料的强度对材料中的界面、缺陷以及材料的局部特性很敏感。TiC 含量高时,材料的相对密度下降明显,缺陷增多,界面处、晶隅和晶粒间的微孔作为裂纹源的几率大大增加,从而导致协同强化效果的弱化。根据本实验中 TiC-La_2O_3/W 复合材料各方面力学性能可知,5%TiC-1%La_2O_3/W 成分配比时具有较好的综合力学性能。

5.3　TiC-La_2O_3/W 复合材料的组织结构

5.3.1　TiC-La_2O_3/W 复合材料的金相显微组织

图 5-4 为 TiC-La_2O_3/W 复合材料的金相显微组织照片。由图可知,纯钨烧结体的晶粒组织粗大,晶粒大小约为 50 μm(图 5-4(a))。钨基体中加入第二相强化颗粒后,如图 5-4(b)、(c)、(d)所示,TiC 和 La_2O_3 颗粒经球磨混粉均匀分布在钨基体中。这些强化颗粒弥散分布在钨晶粒晶界上,抑制了烧结过程中钨晶粒的长大,使晶粒组织得到细化。

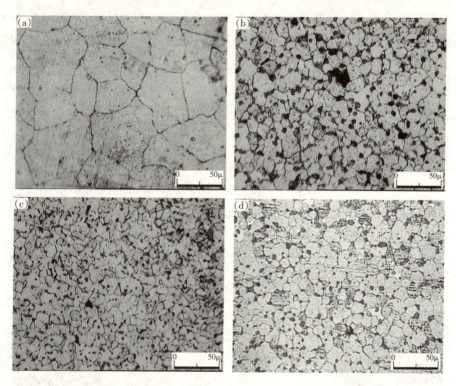

图 5-4　TiC-La$_2$O$_3$/W 复合材料的金相显微组织
(a)W；(b)TiC/W；(c)W-La$_2$O$_3$；(d)La$_2$O$_3$-TiC/W

5.3.2　TiC-La$_2$O$_3$/W 复合材料的 TEM 照片

表 5-2　图 5-5(c)中各点的 EDS 分析结果(at.%)

	W	Ti	La	O	C
A	95.25	——	——	——	——
B	——	23.88	10.94	48.90	16.28
C	56.15	21.31	——	——	22.54

图 5-5 所示为 TiC-La$_2$O$_3$/W 复合材料的 TEM 照片。图 5-5(a)为纯钨的 TEM 照片,图片上几乎不可见钨晶粒的晶界,表明此时纯钨晶粒尺寸较大。图 5-5(b)为 10%TiC/W 复合材料的微观组织,图中黑色块体为 TiC 颗粒。由图可知,10%TiC/W 复合材料主要由两相组成,白色相为 W,

黑色相为 TiC。W 和 TiC 两相晶粒均呈现出不规则的等轴状，W 和 TiC 相间分布，TiC 颗粒弥散分布在钨晶粒晶界上。图 5-5(c) 为 TiC-La_2O_3/W 复合材料的微观组织照片，对图中各点进行能谱分析，结果如表 5-2 所示。由表 5-2 可知，TiC-La_2O_3/W 复合材料中 TiC 和 La_2O_3 颗粒有接触共存现象，有可能形成复相颗粒，其成分分析表明一些 N、O 杂质元素也偏聚于此。由于这些复相颗粒之间不存在较强的界面结合，因此复合材料中存在的这部分复相颗粒将成为复合材料中潜在的裂纹源。

图 5-5(d) 为 W-TiC 两相界面的 TEM 照片。由图可知，TiC 颗粒与钨基体的界面结合从整体上看较为理想，结合良好无沉淀物析出。有研究表明，在复合材料制备烧结过程中 W 向 TiC 扩散形成有(W,Ti)C 固溶体[26~27]，增强了 W-TiC 之间的界面结合，使界面能够有效地将载荷传递给强化颗粒，有益于提高复合材料的强度。

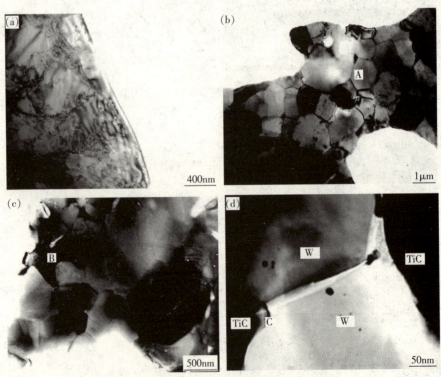

图 5-5　TiC-La_2O_3/W 复合材料的 TEM 照片
(a)W；(b)TiC/W；(c)La_2O_3-TiC/W；(d)TiC-W 界面

5.4 TiC–La_2O_3/W 复合材料的断口形貌及裂纹路径分析

TiC–La_2O_3/W 复合材料的断口形貌如图 5-6 所示。纯钨的断口形貌主要为穿晶和沿晶的混合型断裂,并以沿晶断裂为主,断口较平直,钨晶粒呈多面体状,边界轮廓清晰,三个晶界相遇的地方有三重结点出现(图 5-6(a))。10%TiC/W 复合材料的断口也为穿晶和沿晶的混合型断裂,断口较粗糙,钨基体的晶粒明显比纯钨材料晶粒细小(图 5-6(b))。W–La_2O_3 合金中钨基体的断裂形式也为穿晶和沿晶的混合型断裂(图 5-6(c))。TiC–La_2O_3/W 复合材料(图 5-6(d))与 TiC/W 复合材料的断口形貌相近。

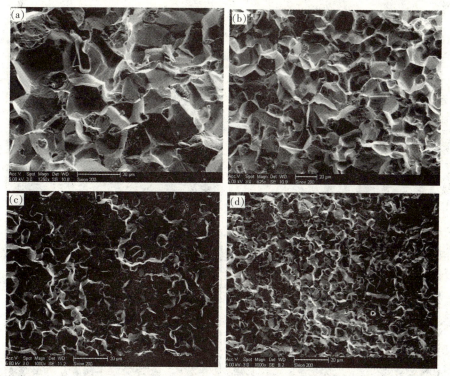

图 5-6　TiC–La_2O_3/W 复合材料的断口形貌
(a)W;(b)W–La_2O_3;(c)TiC/W;(d)La_2O_3–TiC/W

图 5-7 所示为 5%TiC-1%La$_2$O$_3$/W 复合材料断口形貌,(a)~(d)放大倍数逐渐增大。TiC-La$_2$O$_3$/W 复合材料断口略显粗糙(图 5-7(a))。从图 5-7(b)可以看到断口上有许多光滑的断面,这是穿晶断裂面。对钨等脆性金属而言,晶内强度远大于晶界强度,晶界先于晶粒断裂,因此钨材料断口几乎总为沿晶断裂,而 TiC-La$_2$O$_3$/W 复合材料中钨基体为沿晶和穿晶的混合型断裂(图 5-7(c)、(d))。TiC-La$_2$O$_3$/W 复合材料中出现了较多的穿晶断裂,即加入第二相颗粒后晶界得到了强化,这种强化效果主要是由晶界上弥散分布的第二相颗粒引起的。此外,从断口形貌可以看到,第二相颗粒分布在钨晶粒晶界上。第二相颗粒的断裂形式有多种,有的发生直接断裂,有的被拔出基体,但大部分残留在基体中。由此可以推断,裂纹扩展时直接穿过部分第二相颗粒,使得第二相颗粒在受载荷作用时具有承载作用;另一方面也表明这部分强化颗粒与钨基体界面结合强度较好,很好地传递了载荷。载荷传递机制是 TiC-La$_2$O$_3$/W 复合材料的强化机制之一。

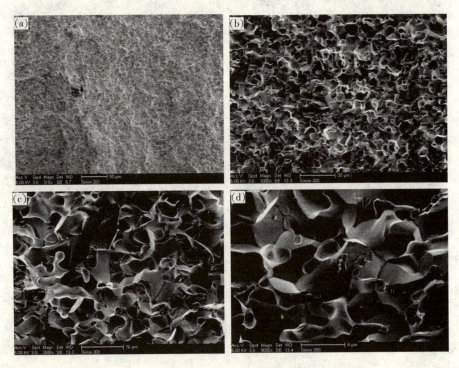

图 5-7 5%TiC-1%La$_2$O$_3$/W 复合材料的断口形貌

图 5-8 所示为 10%TiC-2%La$_2$O$_3$/W 复合材料的断口形貌。由图可知,复合材料的裂纹萌生于图 5-8(a)的 A 处,并由此呈现放射状的断口形貌。图 5-8(b)为 A 处的高倍图像,由能谱分析可知 A 处为 TiC 和 La$_2$O$_3$ 颗粒的聚集体。TiC 和 La$_2$O$_3$ 颗粒是两种性质不同的化合物,二者经过球磨混粉烧结后聚集形成复相颗粒。这种复相颗粒的存在,一方面,对复合材料的晶粒细化有益;另一方面,由于颗粒聚集后形成的聚集体尺寸较大,且 TiC-La$_2$O$_3$ 颗粒之间的界面结合强度较低,当复合材料受外界载荷作用时,这些复相颗粒将成为复合材料中潜在的裂纹源。

图 5-8 10%TiC-2%La$_2$O$_3$/W 复合材料的断口形貌
(a)断面;(b)裂纹源

由于 La$_2$O$_3$-TiC/W 复合材料在常温下受载荷作用的时候表现为突然性的脆性断裂,因此较难观察到复合材料裂纹稳态扩展的情况,只能将断裂后的试样重新合在一起观察其裂纹情况。图 5-9 为 1%La$_2$O$_3$-5%TiC/W 复合材料的裂纹路径,宏观上裂纹较为平直(图 5-9(a)),微观上可以看到裂纹存在偏转和局部桥接的痕迹(图 5-9(b))。结合 La$_2$O$_3$-TiC/W 复合材料的断口形貌(图 5-7)可以推断,当 W 主晶相裂纹扩展时,加入的强化颗粒使裂纹扩展偏转而变得曲折,裂纹前沿的正应力降低,或者裂纹直接穿过第二相强化颗粒,这些均消耗裂纹扩展能,从而提高断裂韧性。

 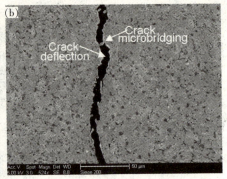

图 5-9 La_2O_3-TiC/W 复合材料的裂纹
(a)宏观裂纹;(b)裂纹偏转和微桥接

5.5 强韧化机制

对于颗粒增强金属基复合材料,一般认为主要有以下几种强化机制[28]:①材料受载时,增强体对基体变形的约束或对基体中位错运动阻碍产生的强化作用;②基体向增强体的载荷传递;③增强体加入基体,由于基体和增强体热膨胀系数不同导致材料内产生热残余应力,以及由于热残余应力释放导致基体中产生位错或基体加工硬化;④基体与增强体之间的界面结合状况及界面附近基体的微观结构和化学性质。另外,还有细晶强化、沉淀强化、固溶强化等。

对 TiC/W 复合材料而言,加入的 TiC 颗粒分布在钨晶粒的边界上,阻碍钨晶粒的长大,获得的细小钨晶粒有利于复合材料抗弯强度的提高。所以,细晶强化是 TiC/W 复合材料的一种主要强化机制。TiC 和 W 的弹性模量分别为 460GPa~500GPa 和 385GPa(理论上),复合材料发生弹性变形时,根据等应变模型可知,TiC 颗粒承受的应力要大于基体,因此载荷传递是复合材料的另一种强化机制。由于 TiC 颗粒的热膨胀系数($7.74 \times 10^{-6} ℃^{-1}$)大于基体 W 的热膨胀系数($5.0 \times 10^{-6} ℃^{-1}$),复合材料在从高温冷却下来时将产生热错配应力,从而在增强颗粒周围的基体中引起晶格畸

变和位错,产生一高位错密度区,形成位错强化,该区内位错密度可表示为[29]

$$\rho \approx \frac{3f^{4/3}(\alpha_f - \alpha_m)\Delta T}{(1-\nu)bR} \qquad (5-2)$$

其中,α_f和α_m分别为增强颗粒和基体的热膨胀系数;f为增强颗粒的体积分数;b为位错柏氏矢量;R为颗粒的尺寸;ν为泊松比;ΔT为温度变化。但室温下 W 基体的位错滑移系较少,位错滑移比较困难,因此颗粒阻碍位错滑移引起的强化效果较弱。此外,文献[27]研究表明,在烧结过程中 W 原子向 TiC 中扩散,在界面结合处形成微量的(W,Ti)C 固溶体,这有利于界面结合,能够有效地将载荷传递给 TiC 颗粒。

与纯钨相比,复合材料的断裂韧性有较大提高,是几种韧化机制共同作用的结果。强化颗粒的加入细化了钨基体的晶粒,晶粒细化导致晶界数目增多,而室温下钨基体的位错滑移系较少,塑性变形只能通过晶界滑移进行,并且塑性变形穿过晶界后的滑移方向需要多次改变,因此材料的塑性变形由于晶界的增多而变得较为困难,而且晶界数目增多,裂纹扩展方向也需要多次改变。与晶内的变形以及裂纹扩展相比,这种既要穿过晶界又要改变方向的变形和裂纹扩展要消耗更多的能量,因此,晶粒细化有助于复合材料力学性能的提高。

由于 TiC 颗粒与基体 W 之间存在热膨胀系数差异,在烧结后的冷却过程中,TiC 收缩率较大,在 TiC/W 界面产生残余应力。这种残余应力容易诱使复合材料裂纹扩展发生偏转和分叉,使得裂纹扩展路径曲折延长,从而消耗更多的断裂能,有利于材料韧性的提高。

由于复合材料抗弯断口几乎没有塑性变形,抗弯强度值可近似认为是断裂强度。通常钨合金的断裂方式有四种[30]:钨晶粒的穿晶解理断裂;W-W 晶粒间的界面断裂;钨晶粒-黏结相界面断裂;黏结相的延性撕裂。断裂强度为不同断裂方式的叠加,钨合金的断裂强度(σ_f)在微观上受以下因素影响:黏接相强度(σ_M)、钨晶粒解理强度(δ_W)、钨晶粒与黏接相基体结合强度(σ_{M-w})、钨-钨晶粒分离强度(σ_{w-w})、两相组织结构差异导致的应力不均匀及三轴应力状态等(σ_0)。σ_f可表示为:

$$\sigma_f = f_c\delta_w + f_{M-w}\sigma_{M-w} + f_M\sigma_M + f_{w-w}\sigma_{w-w} + \sigma_0 \tag{5-3}$$

式中，f 为各种断口所占比例，纯钨烧结体和 W－La_2O_3 材料中黏结相很少，故 σ_{M-w} 和 σ_M 可忽略不计。而 σ_0 与 σ_{w-w} 和 δ_w 的值相比较小，也可忽略不计。对于 La_2O_3-TiC/W 复合材料，考虑到 TiC 能够与钨形成 (W,Ti)C 固溶体，提高界面结合强度，因此复合材料的断裂强度 σ_f 表达式中还应添加一项 $\sigma_{TiC/W}$，并根据复合材料的断口形貌，忽略 La_2O_3 颗粒与钨晶粒，以及复合颗粒之间的强度贡献，可将复合材料的断裂强度表示为钨晶粒的断裂强度 δ_w 和钨-钨界面强度 σ_{w-w} 以及 $\sigma_{TiC/W}$ 三项之和：

$$\sigma_f = f_c\delta_w + f_{w-w}\sigma_{w-w} + f_{w-TiC}\sigma_{w-TiC} \tag{5-4}$$

Sun Jun[31] 给出了钨晶粒断裂的临界应力：

$$\sigma_c = \left[\frac{3E_w\Gamma_w\pi}{8(1-\gamma^2)R_0}\right]^{\frac{1}{2}} \tag{5-5}$$

其中，E_w 为钨晶粒的弹性模量；Γ_w 为表面能；γ 为钨晶粒的泊松比；R_0 为钨晶粒半径。传统纯钨烧结体的晶粒尺寸为 30 μm～40 μm，晶粒粗大，加入的强化颗粒均匀弥散分布在钨晶界上，在烧结过程中抑制了钨晶粒的长大，使晶粒得到细化从而使 R_0 减小，使 σ_c 增加，钨晶粒的断裂强度 δ_w 也得以增加。

另一方面 La_2O_3 能够吸附杂质、净化晶界，同时能促进烧结、提高相对密度，弥补 TiC 含量过高引起的复合材料相对密度低的缺陷，有助于提高钨晶粒间的结合强度 σ_{w-w}。而 TiC 颗粒除了在烧结过程中阻碍钨晶粒的长大外，还能够与钨形成 (W,Ti)C 固溶体，促进界面结合，提高了界面结合强度，当复合材料受载荷作用时具有承载作用，同时在裂纹扩展时能够钝化或偏转裂纹，阻碍裂纹扩展，消耗裂纹扩展能，提高断裂韧性。

根据实验结果可知，La_2O_3-TiC/W 复合材料的强化机制主要为细晶强化、晶界强化和载荷传递机制。虽然 La_2O_3-TiC/W 复合材料中各成分具有不同的热膨胀系数，从高温冷却下来时，界面结合处由于热失配会形成位错强化，但是室温下钨基体的滑移系较少[32]，位错强化效果较弱。La_2O_3-TiC/W 复合材料的韧化机制主要包括细晶韧化、裂纹偏转和微桥接。除了以上的强韧化机制外，研究人员还发现在复合材料的强度、韧性、断裂等相关力学问题的高阶性能中出现有协同效应[33]。郑茂盛[34]等研究了硬颗粒增强金属基复合材料的模量强化与位错强化的协同效应,得出复合材料的宏观屈服应力表达式为

$$\sigma_e = \left[\frac{(1+\nu_1)E}{(1+\nu)E_1}\right]^{0.5} \cdot (\sqrt{3}\tau + \mu \boldsymbol{b}\sqrt{\rho}) \qquad (5-6)$$

上式中,ν_1、E_1 为基体材料的泊松比和弹性模量;ν、E 为复合材料的泊松比和弹性模量;μ 为基体的剪切模量;b 为位错柏氏矢量;ρ 为塑性变形区位错密度;τ 为塑性变应力。

其研究结果表明,宏观屈服应力并不是模量强化与位错强化的简单叠加,实际上的强化效果包含了两种强化因素之间的相互作用项或交叉项,具有明显的协同强化作用。目前,协同强化的理论研究尚处在初级阶段,其内在的起因及作用本质尚需进一步研究。

5.6 小 结

本章介绍了颗粒增强钨基复合材料,并采取向钨中加入稀土 La_2O_3 和碳化钛的方法来协同增强钨基材料,研究材料配方组成和力学性能之间的关系,以确定材料成分的优化配比,同时研究了 La_2O_3-TiC/W 复合材料的组织结构并讨论了稀土氧化物(La_2O_3)和碳化物(TiC)对钨的强韧化机制。主要得到以下结论:

(1)随着 TiC 和 La_2O_3 含量的增加,La_2O_3-TiC/W 复合材料的密度逐渐下降,复合材料成分为 2% La_2O_3-10% TiC/W 时,密度值仅为 13.78g/cm³,远低于纯钨。

(2)La_2O_3-TiC/W 复合材料的硬度主要受高含量、高硬度 TiC 颗粒的影响;复合材料的弹性模量随着 TiC 和 La_2O_3 含量的增加而增加,但是随着强化颗粒含量的增加,TiC-La_2O_3/W 复合材料弹性模量的上升幅度逐渐变缓,当 TiC 含量较高(10%)时,弹性模量几乎呈现直线趋势变化。

(3)La_2O_3 在 TiC 含量较低时(≤5wt%)作用较为明显,随着 La_2O_3 含量

的增加，TiC-La$_2$O$_3$/W 复合材料抗弯强度逐渐增加，5%TiC-1%La$_2$O$_3$/W 成分配比时，抗弯强度出现最大值 901MPa；但 La$_2$O$_3$ 在 TiC 含量为 10%时对复合材料的强度影响不大。La$_2$O$_3$-TiC 复合颗粒对断裂韧性的影响较为复杂，复合材料成分为 10%TiC-0.5%La$_2$O$_3$/W 时断裂韧性出现最大值 10.07MPa·m$^{1/2}$。

（4）La$_2$O$_3$-TiC/W 复合材料的金相显微组织表明强化颗粒弥散分布在钨晶粒晶界上，抑制了烧结过程中钨晶粒的长大，使晶粒组织得到细化。TiC-La$_2$O$_3$/W 复合材料 TEM 照片表明 TiC 和 La$_2$O$_3$ 颗粒出现有接触共存现象，并且形成复相颗粒，一些杂质元素偏聚于此。

（5）纯钨的断口形貌主要为穿晶和沿晶的混合型断裂，并以沿晶断裂为主，断口较平直，钨晶粒呈多面体状，边界轮廓清晰，三个晶界相遇的地方有三重结点出现。TiC-La$_2$O$_3$/W 复合材料与 TiC/W 复合材料的断口形貌相近，断口也为穿晶和沿晶的混合型断裂，断口较粗糙，钨基体的晶粒明显比纯钨材料晶粒细小。TiC-La$_2$O$_3$ 颗粒之间的界面结合强度较低，当复合材料受外界载荷作用时，这些复相颗粒将成为复合材料中潜在的裂纹源。La$_2$O$_3$-TiC/W 复合材料在常温下受载荷作用的时候表现为突然性的脆性断裂，宏观上裂纹较为平直，微观上可以看到裂纹存在偏转和局部桥接的痕迹。

（6）TiC 颗粒除了在烧结过程中阻碍钨晶粒的长大外，能够与钨形成(W,Ti)C 固溶体，促进界面结合，提高界面结合强度。当复合材料受载荷作用时具有承载作用，同时在裂纹扩展时能够钝化或偏转裂纹，阻碍裂纹扩展。La$_2$O$_3$ 能够吸附杂质、净化晶界，同时促进烧结、提高相对密度，弥补 TiC 含量过高时引起的复合材料相对密度低的缺陷，有助于提高钨晶粒间的结合强度。La$_2$O$_3$ 和 TiC 共同作用时的强化效果强于 La$_2$O$_3$ 和 TiC 单独作用时的强化效果，二者具有协同强化效果，La$_2$O$_3$ 和 TiC 颗粒含量在 1wt%La$_2$O$_3$-5wt%TiC/W 成分配比时具有较好的综合力学性能。

参考文献

[1] Barabash V, Akiba M, Mazul I, et al. Selection, development and characterization of the plasma facing materials for ITER application[J].

Journal of Nuclear Material,1996,233~237:718~723

[2] Tanabe T, Wada M, Ohgo T, Philipps V, et al. The TEXTOR team, Application of tungsten for plasma limiters in TEXTOR[J]. Journal of Nuclear Material,2000,283~287:1128~1133

[3] Ishijima Y, Kurishita H, Arakawa H, et al. Microstructure and bend ductility of W – 0.3mass％TiC alloys fabricated by advanced powder-metallurgical processing[J]. Material Transactions,2005,45(3):568~574

[4] Takida T, Kurishita H, Mabuchi M, et al. Mechanical properties of fine-grained, sintered molybdenum alloys with dispersed particles developed by mechanical alloying[J]. Material Transactions,2004,45(1):143~148

[5] Kurishita H, Asayama M, Tokunaga O, et al. Effect of TiC addition on the intergranular brittleness in molybdenum[J]. Material Transactions,1989,30(12):1009~1015

[6] Kurishita H, Shiraishi J, Matsubara R, et al. Measurement and analysis of the strength of Mo – TiC composites in the temperature range 285K~2270K[J]. Transactions of the Japan Institute of Metals,1987,28(1):20~31

[7] Kitsunai Y, Kurishitab H, Kayano H, et al. Microstructure and impact properties of ultra-fine grained tungsten alloys dispersed with TiC[J]. Journal of Nuclear Materials,1999,271~272:423~428

[8] Tokunaga K, Miura Y, Yoshida N, et al. High heat load properties of TiC dispersed Mo alloys[J]. Journal of Nuclear Materials,1997,241~243:1197~1202

[9] Kurishita H, Amano Y, Kobayashi S, et al. Development of ultra-fine grained W – TiC and their mechanical properties for fusion applications[J]. Journal of Nuclear Materials,2007,367~370:1453~1457

[10] Kurishita H, Kobayashi S, Nakai K, et al. Current status of ultra-fine grained W – TiC development for use in irradiation environments[J]. 2007,T128:76~80

[11] 周玉,王玉金,宋桂明. TiCp/W 及 ZrCp/W 复合材料的组织结构

与性能[J]. 2004,18(8):97~101

[12] 宋桂明,王玉金,周玉等. TiC 和 ZrC 颗粒增强钨基复合材料[J]. 固体火箭技术,1998,21(4):54~59

[13] Song Gui ming,Wang Yu jin,Zhou Yu. The mechanical and thermophysical of ZrC/W composites at elevated temperature[J]. Material Science and Engineering A,2002,334:223~232

[14] Song Gui ming,Wang Yu Jin,Zhou Yu. Thermomechanical properties of TiC particle-reinforced tungsten composites for high temperature applications[J]. International Journal of Refractory Metals & Hard Materials,2003,21:1~12

[15] Mabuchi M,Okamoto K,Satio N,et al. Tensile properties at elevated temperature of W - 1‰ La_2O_3[J]. Material Science and Engineering A,1996,214:174~176

[16] Mabuchi M,Okamoto K,Satio N,et al. Deformation behavior and strengthening mechanisms at intermediate temperatures in W - La_2O_3[J]. Material Science and Engineering A,1997,237:241~249

[17] 范景莲,汪凳龙,刘涛. 细晶钨合金制备工艺的研究[J]. 兵器材料科学与工程,2006,29(2):1~5

[18] 马运柱,黄伯云,熊翔. 稀土钇对纳米粉 90W - 7Ni - 3Fe 合金烧结特性的影响[J]. 中国有色金属学报,2005,15(6):882~887

[19] Ryu Ho J,Soon H. Hong. Fabrication and properties of mechanically alloyed oxide-dispersed tungsten heavy alloys[J]. Material Science and Engineering A,2003,363:179~184

[20] 张长鑫,张新. 稀土冶金原理与工艺[M]. 北京:冶金工业出版社,1997

[21] 稀有金属手册编委会. 稀有金属手册[M]. 北京:冶金工业出版社,1992

[22] Mabuchi M, Okamoto K, Saito N, et al. Tensile properties at elevated temperature of W - 1‰ La_2O_3[J]. Materials Science & Engineering A, 1996, 214(1~2):174~176

[23] 崔岩,耿林,姚忠凯. 轻微界面反应对 SiCp/6061Al 复合材料弹性模量的影响[J]. 复合材料学报,1998,15(1):74~77

[24] E. Ryshkewitsh. Compression strength of porous sintered alumina and zirconia[J]. J. Am. Ceram. Soc. ,1953,36:65~68

[25] W. Duckworth. Discussion of ryshkewitch[J]. J. Am. Ceram. Soc. , 1953,36:68

[26] 宋桂明,杨跃平,王玉金等. TiC 颗粒增强钨基复合材料的组织结构与力学性能[J]. 有色金属,2000,52(1):78~82

[27] 宋桂明,王玉金,周玉等. TiC 和 ZrC 颗粒增强钨基复合材料[J]. 固体火箭技术,1998, 21(4):54~59

[28] 陈剑锋,武高辉,孙东立,姜龙涛. 金属基复合材料的强化机制[J].航空材料学报,2002,(22)2:49~53

[29] 郑茂盛,赵更申,井新利,周根树. 关于颗粒增强金属基复合材料的协同强化[J]. 稀有金属材料与工程,1996,(25)5:16~17

[30] 刘桂荣,刘国辉,王铁军,吴诚. W-Ni-Fe 高比重合金端口形貌研究[J]. 中国钨业,2004,19(3):36

[31] J Sun. Strength for decohesion of spherical tungsten particlematrix interface[J]. International Journal of Fracture,1990,42(1):51~56

[32] 周玉,宋桂明,王玉金,等. TiCp/W 复合材料的断裂行为[J]. 中国有色金属学报,1999,9(增刊1):158~165

[33] 权高峰,柴东朗,宋余九,涂铭旌. 复合材料中增强粒子与基体中微观应力与残余应力分析[J]. 复合材料学报,1995,12(3):70~75

[34] 郑茂盛,赵更申,井新利,等. 关于颗粒增强金属基复合材料的协同强化[J]. 稀有金属材料与工程,1996,25(5):16~17

第6章 W-Cu复合材料的制备与性能

W具有高熔点、低热膨胀系数、优异的高温强度,而Cu具有高导电性、良好的延展性和导热性能,钨铜复合材料综合了两者的优点,具有高导热和低热膨胀系数等特点[1~2],使其在大功率器件中被视为一种很好的热沉材料。微波半导体功率器件不断小型化、高度集成、高功率的发展导致了高发热率,现有均质的W-Cu复合材料很难满足电子基板散热性能方面的要求[3~4]。

W-Cu梯度功能材料被认为是解决这一问题的有效方法。W-Cu梯度功能材料的另一个重要的应用是作为核聚变实验装置中的面对等离子体部件。它分为两个部分[5~8],一部分是面对等离子体材料,钨由于其高的抗等离子体冲刷能力,最有希望用作聚变堆中的面对等离子体材料;另一部分是热沉材料,用来排除面对等离子体材料的热量,保证面对等离子体部件的完整性,目前通常选择铜合金和无氧铜做为热沉材料。由于W、Cu熔点和密度相差大,采用普通粉末冶金工艺制备W-Cu复合材料时,很难得到致密的产品,从而影响了产品的性能。

由于钨、铜的弹性模量、热膨胀系数差别太大,通过普通的焊接方法将二者结合起来作为面对等离子体部件,制备和服役过程中容易在W-Cu界面上产生巨大的热应力,进而导致裂纹的产生以及材料的失效。于是,人们设计了W-Cu梯度功能材料来解决这一问题。另外,W-Cu梯度功能材料还非常适合作为超高压电触头材料、火箭喷管喉衬、电子束靶等高科技领域中的器件[9]。

梯度功能材料(Functional Gradient Materials,FGM)是为了满足新材料在高新技术领域的需要,基于一种全新的材料设计概念而开发的新型功能材料,其构成要素(如成分、组织等)和性能在几何空间上连续变化,因此,在复杂环境下使用时,要比均质材料具有更大的优势。FGM 最初的目的是解决高性能航空航天飞行器对超高温材料的需求。目前 FGM 的应用不再局限于宇航工业,而是已扩大到光电、生物医学、核能等众多领域。

20 世纪 80 年代,随着航空航天等领域高新技术的发展,尤其是人类对高性能航空航天飞行器的不断追求,对材料的要求更加苛刻。例如,以航天飞机的推进系统中最有代表性的超音速燃烧冲压式发动机为例,燃烧室内的工作温度常常超过 2000K,对燃烧室内壁产生强烈的热冲击。在如此高的热负荷下,必须用燃料液氢对燃烧室外壁进行冷却,此时燃烧室内外壁温差达到 1000℃,这么高的温差将产生极大的热应力[10]。要满足如此苛刻的工作环境,发动机材料必须具备以下特点:工作一侧要具有优异的耐热隔热特性,能承受 2000K 以上的高温和热冲击;与制冷剂接触的一侧要能耐低温且具有优良的导热性能,以保证冷却介质的强制冷却效果;材料要有优良的机械性能。然而,陶瓷和耐热金属等单一均质材料无法满足如此苛刻的工作条件,必须开发出一种新型的材料,以满足航空航天技术发展的要求。

1984 年前后,日本学者新野政之(Masyuhi NINO)、平井敏雄(Toshio HIRA)和渡边龙三(Ryuzo WATANBE)等提出了梯度功能材料(Functionally Graded Materials,FGM)的概念[11],但真正的研究则起始于 1987 年日本"用于热应力缓和的 FGM 开发基础技术的研究"的研究项目的提出,随即在世界范围内引发了梯度功能材料的研究热潮。所谓梯度功能材料,就是依据使用要求,选择两种不同性能的材料,采用先进的材料复合技术,使中间部分的组成和结构连续地呈梯度变化,内部不存在明显的界面,从而使材料的性质和功能沿厚度方向也呈梯度变化的一种新型复合材料[12]。它的最大特点是克服了两种材料结合部位的性能不匹配因素,同时材料的两侧具有不同的功能。例如,对上述的燃烧室壁以及与燃料气体接触的内壁使用耐热性的陶瓷,赋予材料耐热性能;对与制冷剂接触的外壁使用金属,赋予材料导热性和机械强度。在两者中间,通过连续地控制内部组成和微细结构的变化,使两种材料之间不出现界面。材料在从陶瓷过渡到金属的过程中,其耐热性逐渐降低,机械强度逐渐升高,热应力在材料两端均很小,在材料中部达到峰值,从而具有热应力缓和功能。

FGM概念自被提出以后,其广阔的应用前景立即引起了日本、德国、美国、俄罗斯等国的高度重视。1993年,日本启动了FGM第二个国家级五年研究计划,研究的重点是模拟件的试制及其在高温、高温度梯度落差及高温燃气高速冲刷等条件下的实际性能测试评价。美国的NASP计划、德国的Sanger计划、英国的HOTOL计划及俄罗斯的图-2000计划等都把耐热隔热FGM及其制备技术作为关键技术来研究开发。近年来我国的一些大专院校和科研机构也在积极开展这方面的研究。FGM的研究与开发已被列入国家高技术"863"计划。

虽然FGM自产生以来就得到了快速发展,制备技术也有了很大提高,但目前仍基本处于基础性研究阶段,研究多集中于热应力缓释型材料,研究的重点则围绕材料的结构设计、热应力分析及制备工艺等,而有关FGM在工程材料及部件中实际应用的研究却很少,这部分将成为今后FGM研究的重点。

6.1 FGM的设计

梯度功能材料设计的目的是为了获得最佳的材料组成和组成分布,优化其在制备和服役过程中所产生的热应力大小及其分布状况。梯度功能材料的设计一般采用逆设计系统。

其设计过程如下[13]:①根据指定的材料结构形状和受热环境,得出热力学边界条件;②从已有的材料合成及性能知识库中,选择有可能合成的材料组合体系(如金属-陶瓷材料)及制备方法;③先假定金属相、陶瓷相以及气孔间的相对组合以及可能的分布规律,再用材料微观组织复合的混合法得出材料体系的物理参数;④采用热弹性理论及计算数学方法,对选定材料体系组成的梯度分布函数进行温度分布模拟和热应力模拟,寻求达到最大功能(一般为应力/材料强度值达到最小值)的组成分布状态及材料体系;⑤将获得的结果提交材料合成部门,根据要求进行梯度材料的合成;⑥合成后的材料经过性能测试和评价再反馈到材料设计部门。经过循环迭代设计、制备及评价,从而研制出实际的梯度功能材料。

6.2 FGM 的制备方法

梯度功能材料制备技术是梯度功能材料研究的主要内容之一,对其组织和性能有着十分重要的影响。在对梯度功能材料的结构和成分进行正确设计的基础上,还必须对原材料以及烧结温度、压力、气氛等工艺参数进行合理的设计和选择,以获得具有特定梯度结构和性能的材料。制备梯度功能材料的方法很多,主要有粉末冶金法、等离子喷涂法、气相沉积法、自蔓延高温合成法等。

6.2.1 粉末冶金法

粉末冶金法(PM)是先将颗粒状原材料按设计的梯度成分成型,然后采用常压烧结、热压烧结、热等静压烧结、反应烧结等烧结方法而制成梯度功能材料。粉末冶金法的优点是设备简单、成本低、易于实现大规模生产等,但工艺比较复杂,需要对保温温度、保温时间和冷却速度进行严格控制,另外只能制备形状尺寸比较简单的制品。按照工艺的不同,粉末冶金方法可以分为叠层压制烧结法、喷射沉积法、粉浆浇注法等。

1. 叠层压制烧结法

该法是将按不同混合比均匀混合的原料粉末或不同组分的薄膜逐层填充,使成分呈梯度分布,再压制烧结而成。这是一种传统的成型技术,层与层之间不连续,成分呈阶梯式变化。国内研究人员采用这种方法,成功制备了 SiC/C[14]、$ZrO_2/NiCr$[15]、Si_3N_4/SUS(不锈钢)和 ZrO_2/SUS[16] 等多种梯度功能材料。日本东北大学采用该法制备了 ZrO_2/W、PSZ/Mo 系 FGM[17]。Grujicic 等[18]已用该法制备出 MgO/Ni 系的 FGM。

2. 喷射沉积法

该方法通过连续改变原料粉配比,可控制喷射层的成分,从而解决了叠层法层与层之间不连续的问题。通过喷射沉积可以直接得到由金属和陶瓷粉末相组成的具有最佳梯度分布的预成型坯,然后经过压制、烧结获得 FGM。研究表明[18],采用这种方法制备的 FGM 沿截面成分的梯度连续性明显优于叠层压制烧结法制备的 FGM。

3. 粉浆浇注法

该方法是将原料粉末均匀混合成浆料,注入模型内干燥,通过连续控制浆料配比,可得到成分连续变化的工件。该工艺的关键是如何防止试样成型后干燥时因收缩不均匀引起的变形和开裂。韩国汉阳大学[19]利用该法制备出 Y_2O_3-$ZrO_{2/3}O_4$ 不锈钢系的 FGM;日本九州大学则用粉浆浇注法制备出 Al_2O_3/N/Ni/Cr 系的 FGM[20];加拿大工业材料研究所也用该方法制备出 Al_2O_3/ZrO_2 系 FGM[21]。

6.2.2 等离子喷涂法

等离子喷涂法是利用送粉气流将原料粉末送至等离子射流中,粉末被迅速加热和加速形成熔融或半熔融的粒子束,撞击到经预处理的基体上,形成多层喷涂层,通过改变原料粉末的组成比例、等离子射流的温度、喂粉速度等喷涂参数来调整组织和成分,获得梯度功能材料。等离子喷涂法的优点是等离子温度高,可以喷涂一切难熔金属和非金属粉末,另外粉末组成可以连续变化、沉积率高、无需烧结、不受基体形状和大小的限制,但梯度涂层与基体间的结合强度不高,并存在涂层组织不均匀、孔隙率高等缺陷。按照喷涂装置的不同,等离子喷涂工艺又可以分为以下两种:

1. 采用单枪等离子喷涂装置

单枪等离子喷涂法是将两种粉末预先按设计混合比例混匀后,采用单送粉器输送多种粉料,也可以采用双送粉器或多送粉器分别输送金属粉和陶瓷粉,通过调整送粉率实现两种材料在涂层中的梯度分布。前一种送粉方式只能获得成分呈阶梯式过渡的梯度层,而后一种送粉方法能够获得成分连续变化的梯度层。

2. 采用双枪等离子喷涂装置

以喷涂金属/陶瓷梯度功能涂层为例,其中一只喷枪喷射金属粉末,如 Ni、Mo 等,另一只喷枪喷射陶瓷粉末,如 TiC、SiC 等,使金属粉末和陶瓷粉末同时沉积在同一位置,通过控制两只喷枪的送粉率实现成分的梯度分布。由于金属粉末与陶瓷粉末的喷涂工艺完全不同,采用双喷可以根据粉末种类分别调整喷枪位置、喷射角度以及喷涂工艺参数,以便精确地控制粉末的梯度成分和喷射量。这是单喷无法做到的。但在喷涂过程中,可能双枪等离子射流之间会相互干扰,喷涂条件发生变化,导致异种粒子间结合不牢。

新日本制铁公司采用等离子喷涂法制备了厚1mm和4mm的ZrO_2-8%Y_2O_3/Ni-20%Cr系FGM薄膜[21]。Khor等[23]制备了YSZ/NiCoCrAl的FGM,并研究了其微观结构、理化性能和热性能。我国的哈尔滨工业大学采用单喷法在TiC_4合金基体上得到厚为2.2mm的ZrO_2-NiCoCrAlY的热障FGM涂层[24]。王鲁等[25]在金属基体表面制备了ZrO_2和NiCrAl体积分数不等的六个梯度层,并研究了两相材料的体积变化对富陶瓷区界面热应力的影响。

6.2.3 气相沉积法

气相沉积法分为物理气相沉积法(PVD)和化学气相沉积法(CVD),主要通过控制弥散相的浓度在厚度方向上实现组分的梯度化,合成的梯度层组织致密。气相沉积法可制备出面积大的梯度膜,但合成速度低,制备的梯度膜厚度较小,通常小于1mm。如何提高气相沉积速度并得到厚度大的梯度膜是今后研究的重点。

1. 物理气相沉积法

PVD法是通过各种物理方法,如直接通电加热、电子束轰击、离子溅射等,使固相物质蒸发后在基体表面成膜的制备方法,通过改变蒸发源,可以合成多层不同的膜,形成梯度膜的制备方法。该法沉积温度低,对基体热影响小,但沉积速率低,不能连续控制成分分布。日本科技厅金属材料研究所用Ar等离子体使水冷铜坩埚内的金属Ti或Cr蒸发,通过调节通入金属蒸气中N_2或C_2H_2的流量,制备出Ti/TiC、Ti/TiN、Cr/CrN系的FGM[25]。

2. 化学气相沉积法

CVD法是将两相气相均质源输送到反应器中进行均匀混合,在热基板上发生化学反应并使产物沉积在基板上形成薄膜。CVD法的优点是容易实现分散相浓度的连续变化,可使用多元系的原料气体合成复杂的化合物。沉积速度快,采用喷嘴导入气体,能以1mm/h以上的速度成膜,通过控制反应气体的压力、组成及反应温度,精确地控制梯度沉积膜的组成与结构。国内外采用CVD法已制备出厚度为0.4mm~20mm的C/C、SiC/C、TiC/C

系的 FGM[26]。另外,分子束外延、化学束外延、离子镀等超微粒子工艺的产生为 CVD 法制备 FGM 提供了新的手段。例如,用靶溅射仪和 $Ar-N_2$ 气氛,在玻璃和铁单晶(001)面上制备氮化铁梯度薄膜。

6.2.4 自蔓延高温燃烧合成法(SHS)

自蔓延高温燃烧合成法是通过加热原料粉局部区域激发引燃反应,反应放出的大量热量依次诱发邻近层的化学反应,从而使反应持续地蔓延下去。SHS 法制备的 FGM 不仅反应速度快、能耗少、设备简单、使用范围宽、合成产物纯度高,而且由于 SHS 燃烧反应速度快(反应过程中快速移动的燃烧波达 0.1cm/s~25cm/s),原先坯体中的成分梯度组成不会发生改变,从而最大限度地保持了原先设计的梯度组成。但 SHS 法仅适合存在高放热反应的材料体系,金属与陶瓷的发热量差异大,烧结程度不同,很难控制,从而使材料出现致密度低,孔隙率大,机械性能差等缺陷。针对 SHS 法的不足,国外开展了 SHS 法的反应控制技术、加压致密化技术和宽范围控制技术的研究。如日本东北工业技术实验所把静水加压法或热等静压法与 SHS 结合起来;大阪大学采用电磁加压式 SHS 法合成了 TiB_2/Cu 梯度材料[16]。目前,国内外利用 SHS 法已经成功制备出 Cu/TiB_2、Al/TiB_2、Ni/TiC、$MoSi_2/Al_2O_3/Ni/Al_2O_3/MoSi_2$ 等[27,28]梯度功能材料。

6.3 梯度功能材料的应用

FGM 开发初始,主要作为热应力缓和梯度材料应用于宇航工业,但由于 FGM 通过金属、陶瓷、塑料等不同有机物和无机物质的巧妙结合,将两种完全不同的性能融于一体,使材料的综合性能得到明显提高,其应用已经扩大到机械、光电、能源、生物工程等领域[29~41]。

6.3.1 航空航天领域

航空航天领域主要使用的是热应力缓和型梯度功能材料,以陶瓷-金属组合为主。现今的航天飞机由于速度较慢,所以采用密度小、比强度高、易于加工的铝合金材料还能胜任。但未来飞行速度提高了,高速飞行的航天飞机在穿过大气层时机身与空气强烈摩擦会产生很高的热量,现在的材料肯定不符合要求。另外航天飞机还存在一个问题,即如何在提高发动机输出功率的同时,降低发动机的重量和燃烧费用,影响这些指标的关键因素是发动机的入口温度。功能梯度材料由于所具有的特性,正好可应用于以上方面。所以说,功能梯度材料的应用必将推动航天技术的发展。

6.3.2 机械工程领域

梯度涂层材料被广泛应用于机械工程领域中的构件,使这些构件具有优良的耐磨性、耐蚀性和耐热性能。目前已成功开发了航空涡轮发动机叶片、气缸体、汽轮机叶片及大口径火炮等梯度涂层材料。例如,利用超硬梯度工具材料制成的切削工具(如车刀、铣刀、钻头等)具有表面耐磨性好和芯部韧性好的特性,可提高材料的耐磨性,显著延长材料的使用寿命;梯度自润滑滑动轴承与一般的均质含油自润滑轴承相比,极限PV值由2.0MPam/s提高到4.0MPam/s,使寿命延长了2倍多。

6.3.3 光电领域

在光学领域,利用梯度折射率光导纤维可以解决光的定向远距离输送问题,提高了电信电视等信息领域的传播效率;通过在透镜、棱镜、滤波片等表面涂覆多层不同折射率的梯度膜,可以得到性能优越的光学元件。在电学领域,FGM压电材料、异质结半导体材料及高温超导材料都有效地解决了两者易分离的固有缺陷,降低了界面态密度,极大地提高了电磁、热电及光电的转化效率。例如,GaAs所代表的化合物半导体,在超高速工作和制备激光器件方面比Si优异,但比Si难制备。通过在Si晶片上用FGM技术沉积GaAs,使组成、结构、性能连续变化,既可以发挥两者的优势,又可以避免界面上晶格常数的不匹配。

6.3.4 能源领域

FGM在能源领域的应用主要表现在新兴能源的开发中,如固体燃料电池、太阳能电池、热电转换装置、磁流体发电等。FGM的应用,可以提高能源转换效率,提高元件寿命,促进新型能源的开发。以 ZrO_2 燃料电池为例,电极和 ZrO_2 必须牢固结合,电极必须具有导电性,能透过氧离子,并且耐高温氧化和还原气氛的腐蚀。若采用 Ni-ZrO_2 FGM、Ni-W/ZrO_2 FGM 等梯度层,则可以使电极既耐高温,又具有耐腐蚀性能,从而延长材料的寿命,增大燃料电池的容量。另外,FGM 也广泛应用于核能领域。如核反应堆的主壁及周边材料、等离子体测试、控制用窗口材料都用到 FGM,而 W/Cu FGM 被认为是最有希望作为新一代热核聚变实验装置中的面对等离子体材料,国内外正在进行大量研究。

6.3.5 生物工程领域

采用 FGM 技术制造的人造器官如人造牙齿、骨骼、关节等,具有极好的生物相容性,高的柔韧性、可靠性和高的功能性。如钛金属磷灰石梯度功能材料可极大地提高人造齿和人造骨的仿真水平,综合了羟基磷灰石具有生物活性与 Ti 具有高度生物稳定性、耐腐蚀及高强度的优点,制造出强度高、韧性好、耐腐蚀及具有生物活性的人工齿骨。

目前,见于报道的制备 W-Cu 梯度功能材料的方法主要有熔渗法、粉末冶金法、等离子喷涂法等。

1. 熔渗法

熔渗法是使用最多的一种方法,一般采用分层装入粒度不同的 W 粉压制、烧结,获取孔隙呈梯度分布的多孔体,随后采用熔渗铜的方法,获得 W-Cu 梯度功能材料。国内主要是北京科技大学无机材料系特种陶瓷中心开展了这方面的研究。北科大的周张健等人[42]采用熔渗法制备出 W/Cu 梯度功能材料,并对梯度过渡层的显微结构进行了观察,对梯度功能材料的热导率、抗热震性进行了测试。研究表明,梯度 W 骨架是熔渗法制备出 W/Cu 梯度功能材料的关键,可以通过选择适量的造孔剂和 W 颗粒粒度获得最佳的梯度 W 骨架。熔渗法的缺点是在熔渗 Cu 时,Cu 相分布不均匀,易在 W 坯体内部形成闭孔,Cu 相不能完全填满孔隙,导致制备的材料热导率低,需要用机加工去除多余的渗金属铜,增加了机加工费用,降低了成品率。

2. 粉末冶金法

由于 W-Cu 密度、熔点差别大,采用传统的粉末冶金方法很难获得致密的 W-Cu 梯度功能材料。但通过改变粉末冶金的工艺,如采用热压、特殊烧结方法等,仍然可以获得致密的 W-Cu 梯度功能材料。北京科技大学周张健等[42]采用热压法制备三层 W-Cu 梯度功能材料,其密度达到理论密度的 94.6%,但成分分布与最初设计的成分分布有较大偏差。这是由液相热压烧结温度较高、时间较长,Cu 发生了较为明显的迁移扩散造成的。凌云汉等[44]根据 W 和 Cu 具有明显的熔点和电阻率差的特点,在超高压条件下通电快速烧结,成功制备了相对密度达 96% 的 W-Cu 功能梯度材料。美国专利[43],采用粉末冶金方法先制取了两种成分完全不同的 W-Cu 坯体,把含 Cu 量较高、热导率较大的坯体嵌入到含铜量较少的另一坯体中,获得了低热膨胀系数和高热导性良好匹配的功能梯度材料。

3. 等离子喷涂法

目前采用等离子喷涂法制备 W-Cu 功能梯度材料主要有两个方向。一种是选择 Al-12Si、Ni-20Al、Ti 等这些热膨胀系数介于 W、Cu 之间的材料作为过渡层。B. Riccardi 等[44]采用等离子喷涂技术,选用 Al-Si 和 Ni-Al 作为过渡层,成功制备了 W-Cu 梯度功能面对等离子部件,喷涂层厚度大约为 5mm,密度为理论密度的 92%。另一种是选择 W-Cu 梯度层作为过渡层,从而最大限度地消除因 W、Cu 热膨胀系数不匹配产生的热应力。X. Liu 等[45]首先在 Cu 基体上喷涂了 200 μm 梯度层,其中 W 以 20%(质量分数)的梯度从 0 逐步增加到 100%,最后在梯度层表面喷涂了 200 μm 纯钨,喷涂层的相对密度为 92.5%,获得了 W-Cu 梯度功能面对等离子材料,并对其热疲劳性能和抗热震性能进行了研究,这种材料可以承受热流密度小于 5MW/m^2 的热冲击。等离子喷涂法的缺点是涂层与基体的结合以机械结合为主,结合强度比较低;涂层孔隙率高,层间结合力低,容易剥落。

此外,采用激光烧蚀(Laser Sintering)也能制备 W-Cu 功能梯度材料,但高温造成铜蒸发使得材料成分难以控制,从而限制了其使用[48]。

机械合金化又称高能球磨,是上世纪 70 年代初由美国国际镍公司(INCO)开发的,现在被广泛用来合成过饱和固溶体、纳米晶、亚稳态晶体等材料,是制备纳米晶复合粉的常用方法,具有整个过程在室温固态下进行、无需高温熔化、工艺简单灵活、产量大等优点[49~50]。球磨除了可使不同元素成分混合均匀之外,还可以通过反复形变、冷焊和破碎的机械合金化过程使粉末极度细化,同时球磨粉末具有严重的晶格畸变、高密度缺陷、交替的层状结构和纳米级的精细结构,表面能高,活性大,具有较大的烧结驱动力,较好的烧结性能[51~52]。当 W-Cu 粉末压坯进行烧结时,会发生 Cu 颗粒的膨胀,从而导致整个坯体的膨胀,不利于烧结体的致密化和形状的保持。A. Upadhyaya 和 R. M. German 通过对 W-Cu 球磨粉末的烧结行为进行研究发现,W 和 Cu 粉末球磨后可以有效抑制 W-Cu 粉末压坯在烧结初期由 Cu 引起的膨胀,大大提高了烧结体的密度,较好地保存了烧结体原始形状[52]。

本章采用机械合金化工艺制备三种含铜体积分数分别为 20%、35%、50% 的 W-Cu 复合粉体。具体方法简单介绍如下:将 W 粉和 Cu 粉按照 W-20Cu、W-35Cu 和 W-50Cu 三种成分进行配比,球磨参数包括球料比为 10∶1,液体介质比 2∶1,球磨转速 700r/min,磨球采用直径为 12mm 的钨球,在球磨过程中,为了防止粉末在球磨过程中氧化,预先将球磨罐抽真空,再充入高纯氩气(纯度>99.99%)作为保护气体。粉体采用钢模模压成型,压制压力 300MPa,保压时间 30s,然后置入真空烧结炉进行烧结。烧结制备出三种成分的 W-Cu 复合材料,对粉体进行表征,分析研究机械合金化制备 W-Cu 复合粉体的过程,并探讨机械合金化以及烧结工艺等因素对 W-Cu 复合材料组织结构和性能的影响。

6.4 W-Cu 复合粉体的制备与表征

6.4.1 W-Cu 复合粉体的 XRD 图谱

对 W-20Cu、W-35Cu 和 W-50Cu 分别球磨 0h、5h、10h、20h、40h,其 XRD 图谱如图 6-1 所示。由图 6-1(a) 和 (b) 可以看出,随着球磨时间的增加,W 和 Cu 的衍射峰不断宽化,强度逐渐减弱。球磨 10h 后,含 Cu 量为 20% 样品的 Cu 峰消失;球磨 20h 后,含 Cu 量为 35% 样品的 Cu 峰消失。这表明 Cu 溶入 W 晶格,形成了 W(Cu) 固溶体。另外,从图 6-1(a) 和 (b) 还可以看出,随着球磨时间的延长,W 的主要衍射峰逐渐向高角度偏移,导致 W 的晶格常数减小,这更确定形成了 W(Cu) 固溶体。从结构上,机械合金化可促使 W、Cu 形成双向固溶体,在富 W 端形成 bcc 结构的 W(Cu)固溶体和在富 Cu 端形成 fcc 结构的 Cu(W)固溶体。

Miedema[53]等人计算了 W–Cu 固溶的热力学混合焓。Cu 固溶于 W 形成 W(Cu)固溶体的混合焓为 86kJ/mol,W 固溶于 Cu 形成 Cu(W)固溶体的混合焓为 107kJ/mol。这说明,在热力学上 Cu 固溶于 W 比 W 固溶于 Cu 要容易得多。因此,机械合金化过程中提供的能量首先促使 Cu 向 W 晶格中扩散形成 W(Cu)固溶体。

一般理论认为,负混合焓对机械合金化起促进作用,而正混合焓对机械合金化起抑制作用。液、固相状态下不互溶的 W、Cu 两相,混合焓为正,但 W–20Cu 和 W–35Cu 两种复合粉经过高能球磨后,Cu 完全溶入 W 中形成 W(Cu)固溶体。这主要有以下两个方面的原因:一方面,高能球磨过程中,在磨球的反复冲击和摩擦下,粉末本身形变和粉末之间的焊合、断裂反复进行,导致粉末逐渐细化,形成纳米晶复合粉,产生大量新鲜的表面和大量纳米晶界,由于晶界处溶剂原子占有很大比例,容易同大量溶质原子进行交换,大量溶质原子 Cu 滞留在 W 晶界上,导致 W(Cu)固溶体的形成;另一方面,高能球磨过程中,W、Cu 粉末经过大量塑性变形,晶格产生严重畸变,产生大量缺陷如位错、层错等,这些为溶质原子 Cu 向 W 中扩散提供了通道,大大促进了 W(Cu)固溶体的形成。

另外,随着晶粒的纳米化,由于应力场的作用,使位错大量集中在纳米晶粒的界面,溶质原子必然在界面处大量富集并置换溶剂原子,促使固溶体的形成[55~57]。图 6–1(c)是 W–50Cu 的 XRD 衍射图谱。从图中可以看出,随着球磨时间的增加,尽管 W 和 Cu 的衍射峰不断宽化,强度不断减弱,但经过 40h 球磨后,Cu 的衍射峰仍然存在。W 的主衍射峰逐渐向高角度偏移,表明 W 的晶格常数减小;而 Cu 的主衍射峰向低角度偏移,表明 Cu 的晶格常数增加。这说明同时形成了 W(Cu)固溶体和 Cu(W)固溶体。通过前面 W、Cu 固溶体形成的热力学条件进行分析可知,对于 W–20Cu 和 W–35Cu 样品,由于 Cu 元素含量少,所有 Cu 都固溶于 W 中形成 bcc 结构的 W(Cu)固溶体。而对于 W–50Cu 样品,由于实验条件的限制,Cu 在 W 中的固溶度是有限的,在 Cu 原子固溶到一定的程度后,MA 过程将促进 fcc 结构的 Cu(W)相的形成。因此,在 W–50Cu 复合粉体 X 射线衍射图谱中,fcc 结构的衍射峰仍然存在。

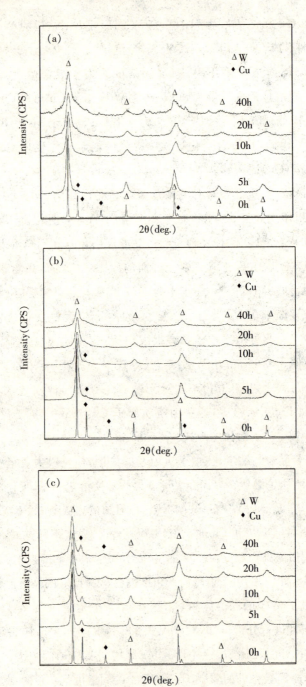

图 6-1 W-Cu 复合粉体 X 射线衍射图谱
(a) W-20Cu；(b) W-35Cu；(c) W-50Cu

6.4.2 W-Cu复合粉体的晶格常数和晶粒尺寸

图 6-2 是 W-20Cu、W-35Cu 和 W-50Cu 三个样品中 W(200)晶面对应的晶格常数随球磨时间的变化。从图中可以看出,球磨初期(<20h),W 的晶格常数迅速减小;球磨 20h 后,减小趋势变缓。W-20Cu、W-35Cu 和 W-50Cu 三个样品中 W 的晶格常数从 0h 的 0.3164nm 分别减小到 20h 的 0.3141nm、0.3127nm 和 0.3118nm。这是因为 Cu 进入到 W 的点阵位置上,由于 Cu 原子半径较 W 小,所以 W 的点阵要收缩,从而导致其点阵常数减小,这也充分证明了 W(Cu)固溶体的形成。从球磨达 20h 开始,W 晶格常数变化趋于平缓。以上分析表明,延长球磨时间能增加 Cu 在 W 中的固溶度。当固溶到一定程度后,继续球磨,W(Cu)固溶体晶格常数不再增加。另外,从图中还可以看出,随着 Cu 含量的增加,W 晶格常数减小的幅度降低,这说明 Cu 含量的增加对 W(Cu)固溶体的形成有抑制作用。可能是由于 Cu 具有良好的延展性,Cu 含量越多,W、Cu 间的焊合越厉害,阻碍了 W 晶粒的细化,产生的纳米晶界和缺陷相应减少,Cu 在 W 中的固溶度也就相应降低,晶格畸变程度减小。

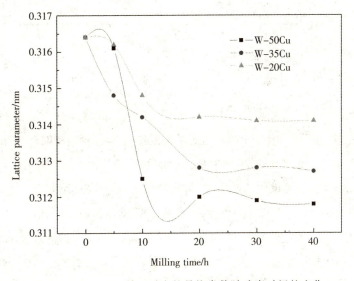

图 6-2 W(200)晶面对应的晶格常数随球磨时间的变化

图 6-3 是 W-50Cu 样品 Cu(111)晶面对应的晶格常数随球磨时间的变化。从图中可以看出,球磨初期(<20h),Cu 的晶格常数先增大,再减小,最后又增大。说明在球磨初期,Cu(W)固溶体是不稳定的,溶解和脱溶交替进行,这与前面关于形成 W、Cu 固溶体的热力学计算结果是一致的。

球磨 20h 后,由图 6-3 可知,此时 Cu 在 W 中的固溶度已接近极限,高能球磨提供的能量开始促进 Cu(W)固溶体的形成。Cu 晶格常数逐渐增大,并趋于稳定。

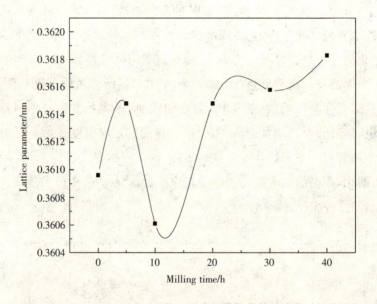

图 6-3　W-50Cu Cu(111)晶面对应的晶格常数随球磨时间的变化

按照溶质原子在固溶体结构中的位置,可以把固溶体分为置换固溶体和间隙固溶体。图 6-2 中 W(200)晶面对应的晶格常数随球磨时间的增加而减小这一实验结果直观地表明,此时的固溶体的类型是置换固溶体,而不是间隙固溶体。这是因为 Cu 原子置换掉 W 晶胞内的 W 原子,Cu 原子的直径比 W 原子的直径要小,导致 W 晶胞的体积减小,其晶格常数也相应减小。如果形成的是间隙固溶体,那么 W 点阵会膨胀,W(200)晶面对应的晶格常数会增大。

理论上,当 $\gamma_A/\gamma_B=0.85\sim1.11$ 时(其中 γ_A、γ_B 分别是 A、B 两种元素的原子半径),A、B 可形成置换固溶体。由钨、铜粉末衍射数据卡片可以得到 W、Cu 的晶格常数分别为

第 6 章 W-Cu 复合材料的制备与性能

$$\alpha_W = 0.31648\text{nm} \quad \alpha_{Cu} = 0.36150\text{nm}$$

$$\gamma_W = \frac{\sqrt{3}\,\alpha_W}{4} = 0.13704\text{nm}$$

$$\gamma_{Cu} = \frac{\sqrt{2}\,\alpha_{Cu}}{4} = 0.12781\text{nm}$$

$$\frac{\gamma_W}{\gamma_{Cu}} = 1.07$$

通过以上分析可知,钨-铜二元系形成的固溶体为置换固溶体。

图 6-4 是 W-20Cu、W-35Cu 和 W-50Cu 三个样品中 W(Cu)晶粒尺寸随球磨时间的变化。从图中可以看出,随着球磨时间的延长,W(Cu)晶粒尺寸不断细化。球磨初期(<20h),随球磨时间的增加,晶粒尺寸迅速下降。球磨 20h 时 W-20Cu、W-35Cu 和 W-50Cu 三个样品中 W(Cu)晶粒尺寸从初始的 147.7nm 分别急剧下降到 6.6nm、6.5nm 和 8.0nm。继续球磨(>20h),晶粒尺寸下降趋势变缓。经过 20h 球磨后,球的破碎速率下降,晶粒尺寸渐渐趋近于一个稳定值,晶格畸变程度增加缓慢。粉末颗粒之间达到"破碎—冷焊"之间的平衡,球对粉末的冲击力不能有效地进一步将粉末变细,晶粒细化和晶粒回复之间逐渐趋于平衡。

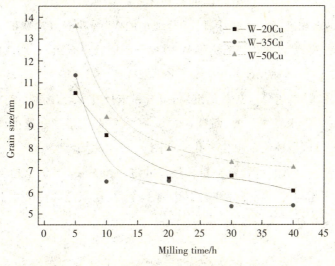

图 6-4 W(Cu)晶粒尺寸随球磨时间的变化

本实验中,球磨 40h 后,W-20Cu、W-35Cu 和 W-50Cu 三个样品中 W(Cu) 晶粒尺寸分别为 6.0nm、5.4nm 和 7.1nm。

另外,从图中还可以看出,W-50Cu 中 W(Cu) 晶粒尺寸最大,细化效果最差。这是由于 Cu 是延展性好、硬度低的粉末,球磨时容易被压成片状,而 W 是脆性、硬度高的粉末,Cu 含量大幅度增加导致球磨过程中大量 W 颗粒嵌入片状 Cu 中,而片状 Cu 又容易焊合在一起(W-Cu 纳米晶复合粉显微组织清楚地表现了这一点),阻碍了 W(Cu) 颗粒与磨球、W(Cu) 颗粒与 W(Cu) 颗粒之间的接触,导致晶粒的细化效果大大降低。

6.4.3　W-Cu 复合粉体的形貌

图 6-5 是 W-20Cu 复合粉不同球磨时间的扫描照片。由图可知,复合粉颗粒的形貌随球磨时间的延长发生变化。球磨 5h 后,复合粉体是粗大的层状的团聚体;继续球磨,W-Cu 复合粉体不断细化并最终趋于稳定,形状也逐渐向球形过渡。Cu 具有良好的延展性,而 W 在常温下呈脆性,因此 W、Cu 属于延性/脆性粉末球磨体系[58]。

通过 W-20Cu 和 W-50Cu 不同球磨时间的 SEM 以及前面 XRD 图谱分析结果,可以将 W-Cu 球磨过程分为以下三个阶段:

第一阶段,磨球与粉末之间的碰撞使塑性金属 Cu 变平,成为片状或饼状,W 则迅速被破碎。在磨球碰撞下,细小的 W 颗粒嵌入片状的 Cu 表面。由于冷焊作用,片状的 Cu 颗粒和 W 颗粒形成层状复合组织,形成粗大的团聚体,如图 6-5(a) 所示。

第二阶段,随着球磨过程的继续,复合粉末反复焊合、断裂,Cu 粉发生加工硬化,片状组织发生弯曲、断裂,Cu 和 W 颗粒都变得越来越小,团聚体越来越少,并且团聚体内部疏松多孔。如图 6-5(b) 所示。

第三阶段,继续球磨,复合粉颗粒尺寸进一步减小,形状也趋于球形,尺寸分布越来越均匀。当冷焊和断裂达到平衡后,复合粉颗粒尺寸不再减小,而是趋于一个稳定值。

第6章 W-Cu复合材料的制备与性能

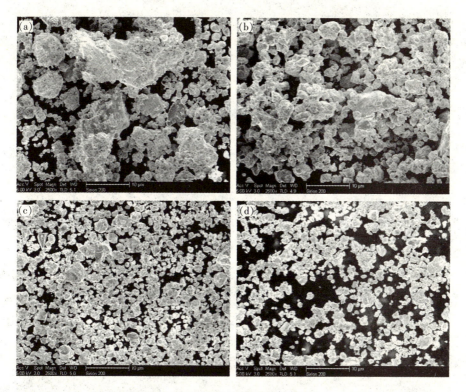

图6-5 W-20Cu复合粉体不同球磨时间的SEM图片
(a)5h;(b)10h;(c)20h;(d)40h

6.5 W-Cu复合材料的显微组织

图6-6是W-20Cu复合粉分别球磨0h、5h、10h、20h、40h后,在1200℃下烧结而成的五个试样的金相组织。照片中深色组织为Cu相,浅色组织为W相。显微组织照片表明,不同球磨时间的W-20Cu烧结体金相组织都是相似的,即Cu相和W相相间分布,Cu相分布在W相周围。但随着球磨时间的变化,Cu相分布的均匀度、W晶粒的大小和形貌发生变化。从图6-6(a)中可以看出,未经球磨、直接手混的W、Cu粉烧结体组织中,W晶粒粗大,Cu相分布不均匀,有的形成了"铜池",孔隙也比较多。球磨后Cu相分布均匀。从球磨40h后的烧结样品显微组织可以看出(图6-6(e)),W

晶粒呈"花生状",液相 Cu 在 W 颗粒间毛细管力的作用下,以各种形状填充在 W 周围。

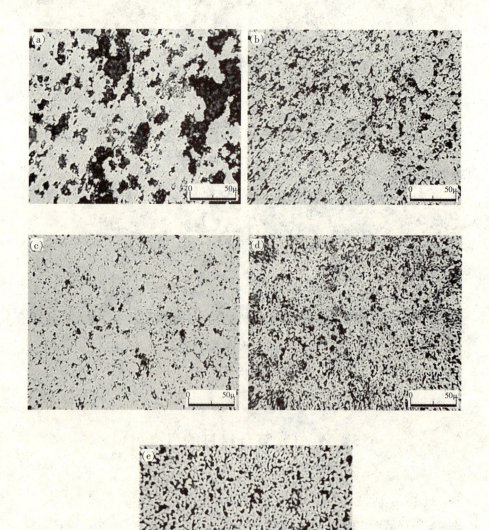

图 6-6 不同球磨时间的 W-20Cu 烧结体显微组织
(a)0h;(b)5h;(c)10h;(d)20h;(e)40h

6.6　W-Cu 复合材料的力学性能

6.6.1　W-Cu 复合材料的密度和相对密度

W-Cu 材料的烧结工艺曲线如图 6-7 所示。图 6-8 为 1200℃ 烧结 W-20Cu 复合材料的密度和相对密度随球磨时间的变化趋势。由图 6-8 可知,烧结体的密度和相对密度均随球磨时间的延长而增加,球磨超过 20h 后,密度和相对密度增加幅度逐渐变缓。这主要是因为粉体在球磨过程中得到细化,钨铜元素之间发生相互扩散,使互不相溶的钨铜粉末具有一定的固溶度[58],从而使复合粉体具有较高的烧结活性。

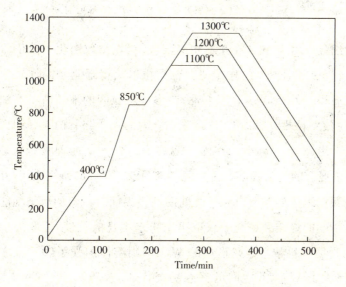

图 6-7　W-Cu 烧结工艺曲线

高能球磨主要给 W-Cu 复合粉带来两个变化。一方面,W、Cu 合金化形成纳米晶复合粉,而纳米晶复合粉由于表面能高、活性大,有利于烧结时扩散的进行,烧结动力大,促进烧结致密化。随着球磨时间的延长,复合粉

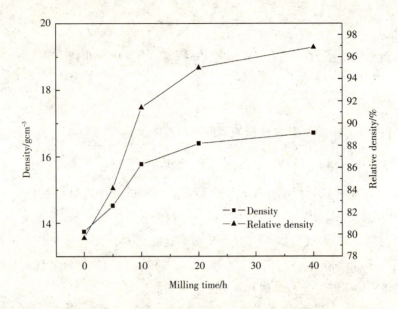

图 6-8　W-20Cu 复合材料密度和相对密度与球磨时间的关系

晶粒逐渐细化。由于 W、Cu 互不相溶，其液相烧结致密化主要依靠颗粒重排机构，液相受毛细管力的作用使颗粒重排以获得最紧密的堆砌和最小的孔隙总表面积。另外，W、Cu 湿润性差，渗进颗粒间的液相由于毛细管张力 v/ρ 而产生使颗粒相互靠拢的分力，毛细管力的大小与管内液相凹面的曲率半径 ρ 成正比，粉末越细小，毛细管力就越大。另一方面，球磨极大地提高了 W、Cu 粉末混合的均匀程度。古狄逊、S. S. Ryu 等[59]的研究表明，互不相溶系内不同颗粒组分如 W、Cu 颗粒之间的结合界面对材料的烧结性能影响很大。粉体压坯的烧结致密化不仅取决于粉末本身的粒度，还取决于粉末混合的均匀程度。机械合金化形成的 W(Cu) 固溶体加强了 W、Cu 之间的相互作用，增大了 W-Cu 之间的接触机会，从而改善了 W-Cu 烧结性能。但不论是 W-Cu 复合粉的晶粒度，还是其混合的均匀程度，都随球磨时间的延长而趋于稳定。因此，随着球磨时间的延长，复合粉体晶粒细化程度、混合均匀性以及相互扩散速度均趋于稳定，从而导致材料的相对密度增加幅度变缓。

表 6-1 为粉体高能球磨 20h 后，在不同烧结温度下烧结 90min 所获得

W-20Cu、W-35Cu、W-50Cu三种材料的密度及相对密度的测试结果。由表6-1可知,在同一烧结温度下,W-Cu材料的密度随着Cu含量的增加逐渐下降,这主要是由于Cu密度低于W。W-Cu材料的相对密度随着Cu含量的增加而上升,其原因在于W-Cu压坯烧结主要依靠液相Cu作用下W颗粒的重排实现致密化[60-61]。Cu体积含量越多,烧结过程中的液相量就越多[62],烧结体致密化程度就越高。同时,表6-1表明随着烧结温度的提高,材料的相对密度逐渐增加,在1200℃液相烧结90min后,W-20Cu、W-35Cu和W-50Cu三种材料相对密度均超过95%,其中W-50Cu相对密度达到97.45%。但是Cu含量超过20%后,烧结温度由1200℃提升至1300℃时,W-Cu材料的相对密度出现下降。经分析,这是由于Cu含量较高,1300℃烧结时出现了严重的渗铜现象。

表6-1 W-Cu材料的密度和相对密度

Temperature (℃)	Density(g/cm³)			Relative density(%)		
	W-20Cu	W-35Cu	W-50Cu	W-20Cu	W-35Cu	W-50Cu
1100	15.21	13.96	12.67	88.16	88.95	89.6
1200	16.39	15.20	13.78	95.01	96.87	97.45
1300	16.64	15.08	13.70	96.10	96.50	96.78

6.6.2 W-Cu复合材料的显微硬度

图6-9是W-Cu复合材料显微硬度随烧结温度变化的关系曲线。从图中可以看出,随着W含量的增加,显微硬度上升。这主要是由于W本身具有较高的硬度。另外,1200℃烧结时,材料的硬度达到最大。这是因为硬度与样品的致密度有关。在1200℃烧结时,液相Cu充分流动,形成了较为完整的网络结构,样品比较致密,材料的相对密度较高。而当烧结温度低于1200℃时,由于烧结温度偏低,液相Cu扩散不充分,样品致密度不高,硬度偏低。当烧结温度高于1200℃时,显微硬度反而下降,这主要是由于发生了渗Cu现象,液相Cu流失,导致样品致密度下降。

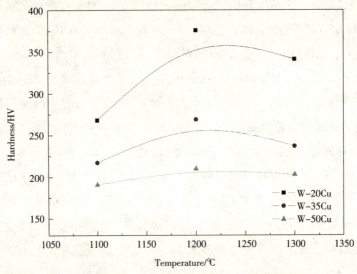

图 6-9　W-Cu 复合材料的显微硬度

6.6.3　W-Cu 复合材料的抗弯强度

图 6-10 是 W-Cu 复合材料的抗弯强度。由图可知,烧结温度一定时,抗弯强度随铜含量的增加而增加。这主要是由于铜含量增加,导致烧结过程中液相铜较多,W-Cu 复合材料的致密度得到提高,进而提高了抗弯强度。同时由图 6-10 可知,W-20Cu 抗弯强度随着烧结温度的升高逐渐增加,而 W-35Cu 和 W-50Cu 的抗弯强度先随烧结温度的升高而增加,在 1300℃时却出现下降。造成这种现象的原因,一方面,由于铜含量较多时,较高的烧结温度导致渗铜现象严重、密度下降;另一方面,烧结过程中钨晶粒产生回复和再结晶,烧结温度较高时,出现晶粒粗化现象,导致强度降低。图 6-11 为 W-Cu 复合材料的抗弯断口形貌。由断口形貌可知,在高于铜熔点温度烧结时,铜熔化成液相,其黏性流动和毛细管力的作用,使得钨颗粒发生重排并相互接触,铜相重新分布填充,试样中铜相均匀地包围在钨晶粒的周围。图 6-11 中,白亮色且呈网状分布的铜均匀地包裹在钨晶粒的周围,在断裂过程中形成了许多撕裂棱,表现出塑性断裂特征,而 W 晶粒基本上保持完整,主要发生沿晶断裂。图 6-11(c)和(d)分别为 W-50Cu 在 1200℃和 1300℃烧结时的断口形貌。由图可知,烧结温度对晶粒长大有较大影响,1200℃烧结时晶粒小于 1 μm,而烧结温度升高到 1300℃时,晶粒长大到 2 μm 以上。

第6章 W-Cu复合材料的制备与性能

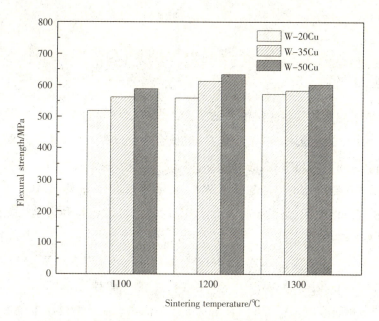

图6-10 W-Cu复合材料的抗弯强度

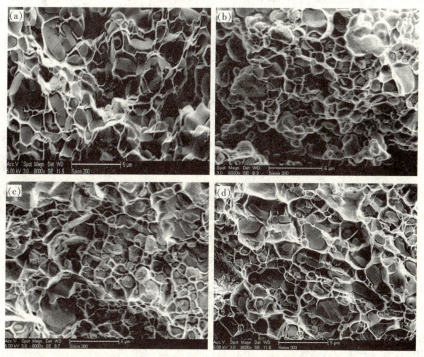

图6-11 W-Cu复合材料的抗弯断口形貌
(a)W-20Cu,1200℃;(b)W-35Cu,1200℃;(c)W-50Cu,1200℃;(d)W-50Cu,1300℃

6.7 小　结

本章采用高能球磨法制备了 W-20Cu、W-35Cu 和 W-50Cu 三种成分的 W-Cu 复合粉体,研究了 W、Cu 机械合金化过程,对所制备的 W-Cu 纳米晶复合粉的晶格常数、晶粒尺寸、颗粒尺寸和形貌结构进行了表征与分析,并采用压制烧结的方法制备了 W-20Cu、W-35Cu 和 W-50Cu 复合材料,分析了球磨时间、烧结温度、铜含量等因素对显微组织和力学性能的影响,得出以下结论:

(1) W-20Cu、W-35Cu 复合粉经过高能球磨,Cu 固溶入 W 晶格中,完全形成 W(Cu)固溶体；W-50Cu 复合粉经过高能球磨,形成 W(Cu)和 Cu(W)双相固溶体。W、Cu 的合金化主要是依靠高能球磨过程中产生的大量纳米晶界和高密度的缺陷(位错、层错等)促进 Cu 在 W 晶格中的固溶。

(2) W 晶格常数随球磨时间的延长而减小,但球磨一定时间后,晶格常数趋于稳定。W-Cu 复合粉的晶粒尺寸随着球磨时间的延长而减小,球磨一定时间后,晶粒尺寸趋于稳定；球磨 20h 后,W-20Cu、W-35Cu 和 W-50Cu 复合粉的 W(Cu)晶粒尺寸分别为 6.6nm、6.5nm 和 8.0nm。

(3) W-Cu 复合粉体的球磨过程可以分为三个阶段。第一阶段,磨球与粉末之间的碰撞使塑性金属 Cu 变平,成为片状或饼状,W 则迅速被破碎。片状的 Cu 颗粒和 W 颗粒形成层状复合组织,形成粗大的团聚体。第二阶段,随着球磨过程的继续,复合粉末反复焊合、断裂,Cu 粉发生加工硬化,片状组织发生弯曲、断裂,Cu 和 W 颗粒都变得越来越小,团聚体越来越少,并且团聚体内部疏松多孔。第三阶段,继续球磨,复合粉颗粒尺寸进一步减小,形状也趋于球形。当冷焊和断裂达到平衡后,尺寸分布越来越均匀,复合粉颗粒尺寸不再减小,而趋于一个稳定值。

(4) 高能球磨有益于 W-Cu 烧结体组织的均匀化,球磨后 Cu 相均匀分布。随着球磨时间的延长,金相组织中的 W 晶粒越来越小。W-Cu 烧结体的密度和相对密度均随球磨时间的延长而增加,球磨超过 20h 后,密度和相对密度增加幅度逐渐变缓。在同一烧结温度下,W-Cu 材料的密度随着 Cu

含量的增加逐渐下降,相对密度随着 Cu 含量的增加而上升,1200℃烧结 W－50Cu 相对密度达到 97.45%。但是铜含量较高(>20wt%)时,1300℃烧结,W－Cu 材料的相对密度出现下降。

(5)随着 W 含量的增加,W－Cu 复合材料的显微硬度上升,但是烧结温度高于 1200℃时,显微硬度反而下降。这主要是由于复合材料致密度下降造成的。烧结温度一定时,抗弯强度随铜含量的增加而增加,W－20Cu 抗弯强度随着烧结温度的升高逐渐增加,而 W－35Cu 和 W－50Cu 的抗弯强度先随烧结温度的升高而增加,在 1300℃烧结时却出现下降。其中,W－50Cu 1200℃烧结时出现抗弯强度最大值 635MPa。

(6)W－Cu 复合材料的断口形貌表明,铜呈白亮色并以网状均匀分布,包围在钨晶粒的周围,在断裂过程形成了许多撕裂棱,表现出塑性断裂特征,而 W 晶粒基本上保持完整,主要发生沿晶断裂。

参考文献

[1] 刘彬彬,谢建新. W－Cu 梯度热沉材料的成分与结构设计[J]. 稀有金属,2005,29(5):757～761

[2] Kim Y D, Oh N L, Oh S T, Moon I. H. et al. Thermal conductivity of W－Cu composites at various temperatures[J]. Materials Letters, 2001, 51:420

[3] 王铁军,周武平,熊宁,等. 电子封装用粉末冶金材料[J]. 粉末冶金技术,2005,23(2):145～151

[4] 雷纯鹏,程继贵,夏永红. 新型钨铜复合材料的制备和性能研究的新进展[J]. 金属功能材料,2003,10(4):24～27

[5] J－E. Doring, R. Vaben, G. Pintsuk, et al. The processing of vacuum plasma-sprayed tungsten-copper composite coatings for high heat flux components[J]. Fusion Engineering and Design, 2003, 66～68:259～263

[6] 凌云汉,白新德,周张健,等. 面向等离子体 W/Cu FGM 的抗热冲击性能[J]. 稀有金属材料与工程,2004,33(8):819～822

[7] Hyun-Ki Kang. Thermal properties of plasma-sprayed tungsten deposites[J]. Journal of Nuclear Materials, 2004, 335:1～4

[8] H. Bolt, V. Barabash, W. Krauss, et al. Materials for the plasma-facing components of fusion reactors[J]. Journal of Nuclear Materials, 2004, 329~333:66~73

[9] 周张健,葛昌纯,李江涛. 熔渗-焊接法制备 W/Cu 功能梯度材料的研究. 金属学报,2000,36(6):654~658

[10] 马如璋,蒋明华,徐祖雄. 功能材料学概论[M]. 北京:冶金工业出版社,1999

[11] 韩杰才,徐丽,王宝林,等. 梯度功能材料的研究进展及展望. 固体火箭技术,2004,27(3):207~215

[12] 吴利英. 梯度功能材料的发展和应用. 新工艺新技术新设备,2003,12:57~61

[13] 贡长生,张克立. 新型功能材料[M]. 北京:化学工业出版社,2001

[14] 武安华,曹文斌,李江涛,等. 第一壁材料 SiC/C 功能梯度材料的制备. 粉末冶金工业,2001,11(1):23~26

[15] Jingchuan Zhu, Zhonghong Lai, Zhong Yin, et al. Fabrication of functionally graded materials by powder metallurgy. Materials Chemistry and Physics,2001,68:130~135

[16] 邹俭鹏,阮建明,周钟诚,等. 功能梯度材料的设计与制备以及性能评价. 粉末冶金材料科学与工程,2005,10(4):78~87

[17] Gang Jin, Makoto Takeuchi, Sawao Honda, et al. Properties of multilayered mullite/Mo functionally graded materials fabricated by powder metallurgy processing. Materials Chemistry and Physics,2005,89:238~243

[18] Grujicic M, Zhang Y. Determination of effective elastic properties of functionally graded materials using Voronoi cell finite element method [J]. Materials Science & Engineering A:1998,A25(1):64~76

[19] 张宇民,郝晓东,韩杰才. 梯度功能材料. 宇航材料工艺,1998,5:5~10

[20] Kawase M, Tago T, Kurosawa M. Chemical vapor infiltration and deposition to produce a silicon carbide-carbon functionally gradient materi-

al. Chemical Engineering Science[J],1999,54(15~16):3327~3334

[21] Bsail R M, Jean B. Preparation of Al_2O_3/ZrO_2 FGM Composite. J. Am. Cream. Soc. , 1994, 10:2747

[22] 程继贵,雷纯鹏,邓莉萍. 梯度功能材料的制备及其应用研究新进展. 金属功能材料,2003,10(1):28~31

[23] Khor K A ,Gu Y W ,Dong Z L. Plasma spraying of functionally graded stabilized zirconia/NiCoCrAl coating system using composite powders[J]. Journal of Thermal Spray Technology ,2000,9 (2):245~249

[24] 张幸红,韩杰才,董世运等. 梯度功能材料制备技术及其发展趋势. 宇航材料工艺,1999,2:1~5

[25] Wang Lu ,Wang Fu chi ,Lu Guang shu ,et al. Residual thermal stress for the interface in ZrO_2-NiCrAl functionally gradient thermal barrier coatings[J]. Journal of Beijing Institute of Technology ,1998 ,18(5):630~633

[26] Sasaki Makoto, Hirai Toshio. Fabrication and properties of functionally gradient materials[J]. Journal of the Ceramic Society of Japan, International Edition ,1991 ,99 (10):970~980

[27] Ge C C ,Wu A H ,Ling Y H ,et al. New progress of ceramic based functionally graded plasma facing materials in China[J]. Key Engineering Materials,2002,224:459~464

[28] Zhang Ling zhen,Shi Sui lin ,Huang Hong jun. Investigation of Al_2O_3 coating with FGMs structure by SHS[J]. Material Science Forum,2003,423:577~578

[29] Dumont A L ,Bonnet J P ,Chartier T ,et al. $MoSi_2/Al_2O_3$ FGM fabricated by tape casting and SHS[J]. Journal of the European Ceramic Society,2001,21 (13):2353~2360

[30] Uemura S. The activities of FGM on new application[J]. Material Science Forum,2003,423-425:1~10

[31] 吴利英. 梯度功能材料的发展和应用. 新工艺新技术新设备,2003, 12:57~61

[32] 王宏智. 梯度功能材料的电化学制备、表征及其热应变特性的研究[D]. 天津:天津大学,2001

[33] 尹涛. 梯度功能材料的高耐腐蚀性对发动机耐久性的影响[D]. 天津:天津大学,2005

[34] 刘玮,丁丽霞,范海中. 压电功能梯度材料细观结构参数对材料性能的影响. 吉林大学学报,2006,44(1):15~20

[35] 庞建超,高福宝,曹晓明. 功能梯度材料的发展与制备方法的研究. 金属制品,2005,31(4):4~9

[36] W. Pompe, H. Worch, M. Epple, et al. Functionally graded materials for biomaterial applications. Material Science & Engineering, 2003, A362:40~60

[37] M. Koizumi. FGM activites in Japan. Composites Part B, 1997, 28B:1~4

[38] T. Hirai, L. Chen. Recent Prospective Development of functionally graded material in Japan. Material Science Forum, 308, (1999):509~514

[39] Fu Yongqing, Du Hejiun, Huang Weimin, et al. TiNi-based thin films in MEMS applications: a review. Sensor and Actuators, 2004, A112:395~408

[40] J. W. Davis, K. T. Slattery, D. E. Driemeyer, et al. Use of tungsten coating on iter plasma facing components. Journal of Nuclear Materials, 1996, 233~237:604~608

[41] Yoshiyasu Itoh, Masashi Takahashi, Hirohisa Takano. Design of tungsten/copper graded composite for high heat flux components. Fusion Engineering and Design, 1996, 31:279~289

[42] 周张健,葛昌纯,李江涛. 熔渗-焊接法制备W/Cu功能梯度材料的研究. 金属学报,2000,36(6):654~658

[43] Jech D E, Sepulveda J L, Frazier J P, Swerden R H. Functionally graded metal substrate for use in housing a microelectronic component has a functional insert and a surrounding body in the x-y plane that is made from two metal compositions:US:US6114048~A[D]. 2002-09-05

[44] B. Riccardi, R. Montanari, M. Casadei, et al.. Optimaization and characterization of tungsten thick coatings on copper based alloy substrates. Journal of Nuclear Materials, 2006, 352: 29~35

[45] X. Liu, L. Yang, S. Tamura, et al.. Thermal response of plasma sprayed tungsten coating to high heat flux. Fusion Engineering and Design. 2004, 70: 341~349

[46] G. Pintsuk, S. E. Brunings, J.-E Doring, et al. Development of W/Cu-functionally graded materials. Fusion Engineering and Design, 2003, 66~68: 237~240

[47] 马运柱,黄佰云,范景莲,等. 纳米级钨基合金复合粉末的制备[J]. 粉末冶金材料科学与工程, 2004, 14(5): 17~23

[48] 张代东,范爱铃. MA过程中W-Cu系纳米粉末的X射线相分析[J]. 铸造设备研究, 2001(6): 14~16

[49] 贾成金,华赵军,解子章. 用机械活化与化学活化方法制备W-Cu合金[J]. 粉末冶金技术, 2001, 19(3): 149~151

[50] 赫运涛,贾成厂,樊世民. 机械活化W-Cu粉末的压力烧结[J]. 粉末冶金技术, 2004, 22(1): 33~36

[51] 杨自勤,贾成厂,甘乐,等. 机械活化粉末制备W-Cu合金的微观组织[J]. 北京科技大学学报, 2004, 24(2): 115~118

[52] Upadhyaya A, German R M. Densification and dilation of sintered W-Cu alloys[J]. The International Journal of Powder Metallurgy, 1998, 34(2): 43~54

[53] Ma E, He J H, Schilling P J. Mechanical alloying of immiscible elements: Ag-Fe contrasted with Cu-Fe[J]. Phys Rev. B, 1997, 55(9): 5542~5545

[54] 李世波,谢建新,陈妹,等. 机械合金化W-Cu固溶体的形成机理[J]. 材料科学与工艺, 2006, 14(4): 424~431

[55] 各晗,栾道成,王正云,王雷. 高能球磨工艺对钨铜复合材料组织的影响[J]. 粉末冶金工业, 2007, 7(1): 30~33

[56] 王正云,栾道成,各晗,王志军. 高能球磨时间对钨铜复合材料性

能的影响[J]. 西华大学学报,2007,26(3):15～18

[57] 陈振华,陈鼎. 机械合金化与固液反应球磨[M]. 北京:化学工业出版社,2006

[58] 范景莲,刘军,严德剑,等. 细晶钨铜复合材料制备工艺的研究[J]. 粉末冶金技术,2004,22(2):83～86

[59] S S Ryu,Y D Kim,I H Moon. Dilatometric analysis on the sintering behavior of nanocrystalline W–Cu prepared by mechanical alloying[J]. Journal of Alloys and Compounds,2002,335:233～240

[60] J S Lee,T H Kim. Densification and microstructure of the nanocomposite W–Cu powerders[J]. Nanostructured Materials,1995,15(1):45～52

[61] 林信平,曹顺华,李炯义. Cu含量对纳米晶W–Cu复合粉末烧结行为的影响[J]. 电工材料,2004,3:10～14

[62] 雷纯鹏. 超细W–Cu复合材料的制备及其烧结性能的研究[D]. 合肥工业大学硕士学位论文,2004

第7章 高能电子束真空热负荷实验研究

热核聚变类似太阳发光发热的原理,在上亿度的高温条件下,氘、氚等原子发生核反应。超导托卡马克是利用巨大环形超导磁场,对等离子体进行加热、约束,创造可控的产生聚变的物理条件。可控热核聚变研究是综合性重大基础理论研究,利用超导托卡马克装置开展磁约束核聚变实验研究的最终目的,是为人类开发清洁的、无限的理想替代能源。安全、稳定、经济是受控聚变研究的最终目的。磁约束聚变实验装置是磁约束等离子体物理特性和聚变反应堆工程问题的基础设备,其发展和变形与等离子体物理特性的深入研究相一致。

磁约束聚变装置的第一壁材料PFM(Plasma Facing Materials)直接面对高温聚变等离子体,承受着巨大的等离子体负荷。PFM承受高热负荷的特性,直接关系到PFM能否安全稳态运行,也是聚变装置能否实现超长脉冲、高参数等运行物理目标的关键[1]。高热负荷主要包括稳态高热负荷特性和异常高热负荷特性两种。稳态高热负荷是指典型放电过程中沉积到第一壁上的功率负荷;异常高热负荷是指在任何时刻其负荷量超过稳态峰值热负荷的两倍以上的负荷[2]。异常高热负荷是由等离子体不稳定现象(大的边缘区域模ELM、竖直位移事件VDE、等离子体电流的大破裂、高能逃逸电子的轰击等)所引起的[3]。异常高热负荷现象的发生是随机的,一旦发生将会引起PFM一定程度的损坏,其中等离子体大破裂所产生的损坏最为严重。在考虑核聚变超导托卡马克装置稳态运行时,热负荷是第一壁最为关键的负荷。异常高热负荷所造成的瞬时能量沉积严重地威胁着第一壁材料的寿命与安全。

面对等离子体第一壁材料是聚变研究的关键问题之一。国内外对第一壁材料系统及相关技术已经进行了长时间的研究,其部分研究成果已经应用于 ITER 装置。在 W 基合金研究方面,国内外对 W−Re 合金、碳化物、稀土氧化物增强 W 及 W−Re 合金进行了较多的研究。我国尽管在聚变研究领域处于世界前列,但在第一壁材料研究方面起步较晚,整体水平比较落后。发展具有自主知识产权的面对等离子体第一壁材料势在必行。根据目前的研究状况,可通过控制材料的气孔率、杂质以及显微结构,最终解决 W 基材料在面对等离子体第一壁上的应用问题。所要解决的三个关键问题是:(1)改善低温塑性;(2)抑制高温下由于重结晶而导致的高温强度急剧下降,提高高温性能;(3)提高材料的抗中子辐射能力。

等离子第一壁材料在实际使用过程中受到粒子流(离子、电子、中性粒子、中子、高能逃逸电子、光子和射线等)和伴随的能量流轰击[4],引起材料溅射和热腐蚀(如局部烧蚀、熔化、开裂和热疲劳等),造成材料损伤,严重影响了材料的使用寿命,以及物理和力学性能。为验证第一壁材料能否受得住强热冲击,表面会不会发生脱落及尺寸较大的裂纹等,在进行聚变装置原位实验之前,对所制备的材料进行实验室热负荷实验研究评价是必不可少的。

本章利用中科院等离子体物理研究所自行设计的多功能热冲击实验平台对几种材料进行瞬态电子束高热冲击模拟测试和热负荷循环模拟实验,研究电子束热冲击对材料表面温度、形貌以及质量烧蚀率的影响,并通过热负荷循环实验考察电子束反复作用对材料的影响,主要包括热负荷循环后材料的显微硬度、抗弯强度等力学性能以及断口形貌,为钨基材料的应用提供理论和实验依据。

实验过程简述如下:利用电子束综合实验平台对材料进行模拟实验,通过改变扫描面积和电子束流强度来调节辐照到样品表面的热流密度。实验中,束斑面积和电子束辐照面积大小保持不变,通过改变电子束流强度使热流密度产生变化。辐照到样品表面的电子束与材料相互作用时,部分电子及能量被样品吸收,其动能完全转化为样品的热能。对于 W、W−La$_2$O$_3$、TiC/W 以及 La$_2$O$_3$−TiC/W 几种材料,本章所进行的电子束高热冲击模拟测试和热负荷循环模拟实验均未采取主动冷却,电子束热冲击实验是分别在入射电子束热流密度为 $0.5MW/m^2$ 和 $5MW/m^2$ 的条件下对材料进行测试,施加热载时间 60s,试样自然冷却。电子束热负荷循环实验是入射电子束热流密度为 $3MW/m^2$ 条件下对材料进行测试,当试样表面温度达到 1800℃时停止施加热载,使其自然冷却,降温至 500℃,然后重新施加热载至表面温度为 1800℃。如此循环 100 次。

7.1 传热学基本理论

7.1.1 温度与热量

温度是用来表示物体冷热程度的物理量,反映了物体内部大量粒子热运动的剧烈程度和粒子热运动平均动能的大小。温度高的物体,其内部粒子热运动剧烈,粒子热运动平均动能大;温度低的物体,其内部粒子热运动程度低,粒子热运动平均动能小。温度的数值标尺称为温标。任何温标都要规定基本定点和每一度的数值。国际单位制规定热力学温标,又称绝对温标,单位是开尔文(K),表示符号是 T。

物体吸收或放出热能的多少,称为热量。热量总是由高温物体自发地传向低温物体,就像水总是从高处流向低处。因此温度差是传热的基本条件,没有温差就不会发生热量的传递。热流密度是指单位时间内通过单位面积所传递的热量,单位为 W/m^2。

7.1.2 传热基本方式

传热的方式有三种,即传导、对流、辐射。它们各有不同的机理,遵循着不同的规律,但在实际传热过程中往往同时存在,共同起作用。

1. 热传导

物体或系统内导热速率的产生,是由于存在温度梯度,且热流方向和温度降低的方向一致,即与负的温度梯度方向一致,后者称为温度降度。

傅立叶定律是用以确定物体各点存在温度差时,因热传导而产生的导热速率大小的定律,定义为通过等温面的导热速率与其等温面的面积及温度梯度成正比:

$$q = \frac{\mathrm{d}T}{\mathrm{d}S} = -\lambda \frac{\mathrm{d}T}{\mathrm{d}X} \qquad (7-1)$$

式中,q 是热流密度,W/m²;dQ 是导热速率,W;dS 是等温表面的面积,m²;λ 是比例系数,称为导热系数,W/m℃;dT/dX 为垂直于等温面方向的温度梯度;"—"表示热流方向与温度梯度方向相反。导热系数在数值上等于单位温度梯度下的热通量。因此,导热系数表征物体导热能力的大小,是物质的物性常数之一,其大小取决于物质的组成结构、状态、温度和压强等。

2. 热辐射

物体由于本身温度或受热而引起内部原子的复杂运动,产生交替变化的电场和磁场,就会对外发射出辐射能并向四周传播。这种能量是以电磁波的形式传递,在一定波长范围内显示为热效应,称为热辐射。当热辐射能量投射到另一物体表面时,可部分或全部地被吸收,重新转变为热能。

电磁波的波长范围从零到无穷大,但能被物体吸收而转变为热能的辐射线主要为可见光(0.4 μm～0.8 μm)和红外线(0.8 μm～20 μm)两部分,即波长在 0.4 μm～20 μm 之间,统称为热射线。只有在很高的温度下,才能觉察到可见光的热效应。理论上讲,任何物体只要温度在绝对零度以上,都能进行热辐射,但只在高温时才起决定作用。

在宏观尺寸上,热辐射的计算服从斯蒂芬-波尔茨曼定律。斯蒂芬-波尔茨曼定律揭示了黑体的辐射能力 E 与其表面温度 T 的关系,说明了黑体的辐射能力与其表面温度的四次方成正比,故又称为四次方定律。对于不是黑体的实际物体,即灰体也可应用斯蒂芬-波尔茨曼定律。不同灰体的辐射系数值不同,且总是小于黑体的辐射系数。因此在同一温度下,灰体的辐射能力总是小于黑体,其比值称为物体的黑度。物体的黑度取决于物体的性质、温度以及表面状况(表面粗糙度及氧化程度),是物体本身的特性,与外界情况无关,一般通过实验测定。

3. 对流传热

对流传热,指流体与固体壁面直接接触时的传热,是流体的对流与导热两者共同作用的结果。传热速率与流动状况有密切关系。牛顿冷却定律描述了固体表面与流体之间的热流的传递:

$$q = h(T_\mathrm{w} - T_\mathrm{f}) \qquad (7-2)$$

式中，T_w和T_f分别为固体表面和流体的温度；h是对流传热系数（$W/m^2 K$）。对流传热是一个复杂的过程，包括流体中的热传导、热对流及壁面的热传导过程，因而影响对流传热速率的因素很多。由于过程复杂，进行纯理论计算是相当困难的，故目前工程上采用半经验方法处理，将许多复杂影响因素归纳到比例系数 h 内。

7.1.3 热应力[6~16]

结构或部件工作时，温度的变化导致材料收缩或膨胀，若受外部的约束使膨胀或收缩受热自由发生时，将导致结构或部件内产生热应力。托卡马克装置第一壁部件在工作时承受很高的热负荷，部件整体温度升高并存在温度梯度，产生热负荷应力 σ^{HHF}。热负荷应力包括由于温度梯度所产生的应力 $\sigma^{gradient}$、由于材料性质不匹配产生的应力 $\sigma^{mismatch}$ 以及制备过程中产生的残余应力 σ_{mr}。

假设不与电子束接触的表面的温度恒定，为 T_0，那么由于温度梯度产生的热应力为

$$\sigma^{gradient} = -\frac{E}{1-\nu}\alpha f(T-T_0) \tag{7-3}$$

式中，E 为弹性模量；α 为热膨胀系数；ν 为泊松比；f 为与材料相关的系数。

对于由不同热膨胀系数的两相复合材料，会出现由于结构中各相间膨胀收缩的相互牵制而产生的热应力 $\sigma^{mismatch}$。复合材料在受热过程中所受的应力可用特纳（Turner）方程表示：

$$\sigma^{mismatch} = \sum \sigma_i = \sum B_i(\bar{\beta}-\beta_i)\Delta T \tag{7-4}$$

式中，B_i 为第 i 个区域的体积模量；β_i 为第 i 个区域的体膨胀系数；$\bar{\beta}$ 为材料的平均体膨胀系数；ΔT 为无应力状态下的温度变化。

复合材料烧结后，从高温冷却到室温时，基体 W 与弥散颗粒之间热膨胀的错配产生残余应力。假定整个冷却过程中热膨胀系数是恒定的，粒子是球形，且基体和粒子相是各向异性的，其平均应力 σ_{mr} 可表示为粒子体积分数 f_p 的函数[17]：

$$\sigma_{mr} = \frac{2f_p \beta \Delta\alpha \Delta T E_m}{(1-f_p)(\beta+2)(1+\nu_m) + 3\beta f_p(1-\nu_m)} \quad (7-5)$$

式中,

$$\beta = \frac{(1+\nu_m)E_p}{(1-2\nu_p)E_m} \quad (7-6)$$

$\Delta\alpha$ 是热膨胀系数的差值;ΔT 是温度的差值;E_m 是基体的杨氏模量;ν_m 和 ν_p 是基体和粒子的泊松比。

部件中总应力 σ^{total} 可简单地表示为热负荷应力与残余应力的叠加:

$$\sigma^{total} = \sigma^{mismatch} + \sigma^{gradient} + \sigma_{mr} \quad (7-7)$$

实际上,材料在高温下的塑性变形常常存在,总应力就不再是热负荷应力与残余应力的叠加,而是要通过数值算法来计算。

7.2 电子束热冲击模拟实验

7.2.1 电子束热冲击对表面温度的影响

图 7-1 为电子束热流密度为 $0.5 MW/m^2$ 时几种材料的表面温度变化。由图 7-1 可知,在电子束的作用下,材料表面温度在初期(0~10s)急剧上升,TiC/W 复合材料的升温速率最快,而纯钨的升温速率最低。随着时间的延长,各材料的表面温度上升趋势变缓。电子束热冲击后,几种材料的最终表面温度依次为:$T_W < T_{W-La_2O_3} < T_{TiC-La_2O_3/W} < T_{TiC/W}$。通常,金属的导热系数高于非金属,对于本实验中的几种材料而言,导热导致 $\lambda_{TiC/W} < \lambda_{TiC-La_2O_3/W} < \lambda_{W-La_2O_3} < \lambda_W$。因此,在同样的外界热载荷作用下,若材料本身不存在热生成,根据传热学原理可知,导热系数低的 TiC/W 复合材料表现出较高的升温速率和最终表面温度。实验中,电子束热流密度增大为 $5MW/m^2$ 时,试样表面中心温度很快超过了红外测温仪的测温上限(2000℃)。

第 7 章 高能电子束真空热负荷实验研究

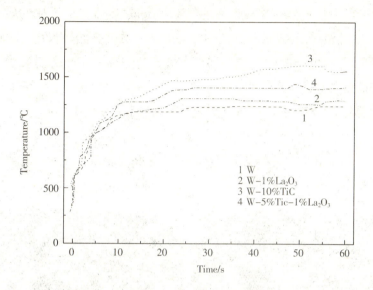

图 7-1 电子束热流密度为 $0.5MW/m^2$ 时材料表面温度

7.2.2 电子束热冲击对表面形貌的影响

图 7-2 为电子束热冲击前材料表面形貌的 SEM 图片。图 7-3 为电子

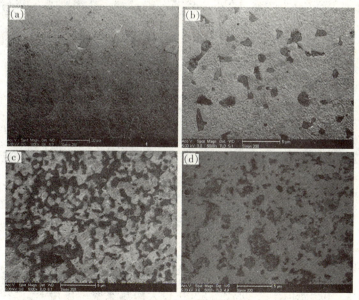

图 7-2 电子束热冲击前材料表面 SEM 图片
(a)W;(b)W-La_2O_3;(c)TiC/W;(d)La_2O_3-TiC/W

束热流密度为 0.5MW/m² 条件下电子束作用 60s 后的表面形貌。从图中可以看出,经热负荷后,各试样表面的损伤并不十分严重,材料没有出现明显的宏观裂纹,与电子束作用前不同的是各材料表面不平整并呈现浮凸状。纯钨表面出现沿晶界的白色纹路(图 7-3(a));W-La₂O₃ 材料表面已不能清晰地看见钨晶界上的 La₂O₃ 颗粒,钨晶粒间存在微小的孔洞(图 7-3(b));TiC/W 复合材料与热冲击前相比颜色有较大变化,钨呈现灰白色(图 7-3(c));La₂O₃-TiC/W 复合材料热冲击后钨也呈现灰白色,表面不平整并出现微小孔洞,依稀可见钨晶界(图 7-3(d))。

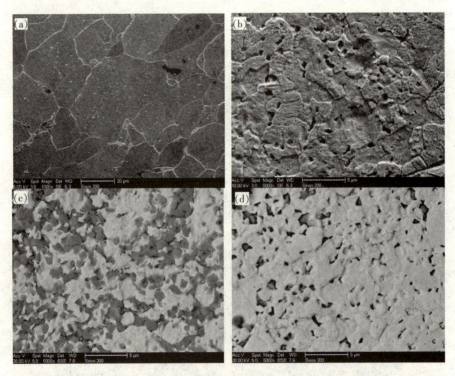

图 7-3　电子束热冲击后材料表面 SEM 图片(电子束热流密度为 0.5MW/m²)
(a)W;(b)W-La₂O₃;(c)TiC/W;(d)La₂O₃-TiC/W

电子束热流密度为 5MW/m² 时,热冲击后材料出现起皮鼓泡现象,扭曲破坏严重,表面呈黑灰色,已完全损坏。图 7-4 为电子束热流密度为 5MW/m² 条件下热冲击后的形貌。可以看出,在较大的热流密度作用下,材料表面有点状烧蚀坑和表皮脱落现象,与热冲击前的形貌有较大差别。电子束热流密度为 5MW/m² 时,由于材料积聚的热量不能及时通过实验平台传导,导致材料的温度急剧升高,因而在高能电子束的轰击下发生溅射,使表面形貌出现较大变化。同时,由材料表面有熔化的迹象可以推知,电子束热流密度为 5MW/m² 时,材料表面温度可能接近钨的熔点。

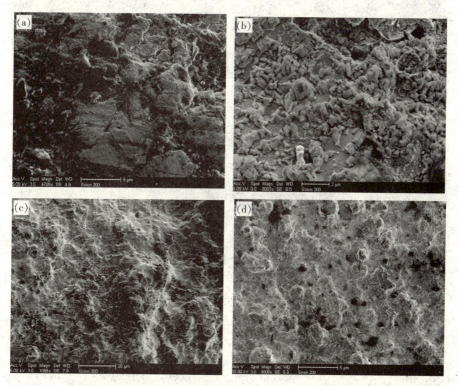

图 7-4　电子束热冲击后材料表面 SEM 图片(电子束热流密度为 5MW/m²)
(a)W;(b)W-La$_2$O$_3$;(c)TiC/W;(d)La$_2$O$_3$-TiC/W

电子束热流密度为 5MW/m² 时,W、W-La$_2$O$_3$、TiC/W 以及 La$_2$O$_3$-TiC/W 几种材料均遭到破坏,表面熔化现象严重,局部存在腐蚀坑和纵横交错的微裂纹,并伴有剥离和脱落。图 7-5 为 W-La$_2$O$_3$ 材料表面出现的局部腐蚀坑及其边缘概貌。由图可知,坑内呈疏松的结构,有微观裂纹从坑内向坑外扩展,坑内形貌呈现颗粒熔化浮凸现象,表明电子束作用的局部区域温度可能高达钨的熔点(图 7-5(a))。图 7-5(b)、(c)为腐蚀坑边缘微观形貌,坑边缘出现一种颗粒很细的粉状物质,非常类似于蒸发物质的凝结。经能谱分析,这些粉状物质包含 Fe、Ni、Co 等元素。这说明在电子束热冲击过

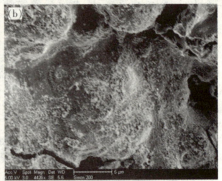
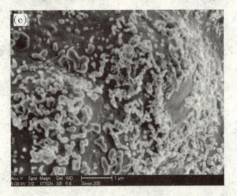

图 7-5　W-La$_2$O$_3$ 材料表面出现的局部腐蚀坑及其边缘概貌

程中,由于温度升高,而熔点较低的杂质被优先蒸发,这些蒸发物又沉积在腐蚀坑的边缘。原因可能是由于电子束热冲击作用时,局部形成高温高压状态,限制了蒸发物质的沉积范围,但关于蒸发物质的沉积过程和机理有待进一步研究。图 7-6 为 TiC/W 材料表面出现的微裂纹。

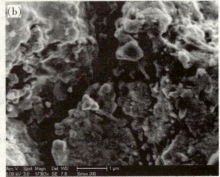

图 7-6　TiC/W 材料表面出现的微裂纹

7.2.3 电子束热冲击引起的质量烧蚀率

表 7-1 给出了几种材料的质量烧蚀率 ρ。假设热冲击前试样质量为 m_1,热冲击后试样质量为 m_2,那么

$$\rho = \frac{m_1 - m_2}{m_1} \tag{7-8}$$

由表 7-1 可知,电子束热流密度为 0.5MW/m² 时,几种材料热冲击前后质量减损不大。质量减损最大的为 TiC/W 复合材料,达到 0.51%。电子束热流密度为 5MW/m² 时,电子束热冲击作用较为明显,烧蚀较为严重,质量减损率均超过 1%。其中 TiC/W 质量减损率最大,已达到 2.81%。

表 7-1 质量烧蚀率(wt%)

	W	W-La$_2$O$_3$	TiC/W	La$_2$O$_3$-TiC/W
0.5MW/m²	0.26%	0.45%	0.51%	0.33%
5MW/m²	1.37%	1.54%	2.81%	2.63%

7.2.4 电子束热冲击破坏机制分析

1. 宏观破坏机制

高能电子束辐照试样表面,试样表层吸收能量后急剧升温,使试样产生不均匀的热膨胀,进而使试样内部产生了非定常热应力[18]。本实验中,电子束热流密度为 0.5MW/m² 时,仅在试样表层出现微小变化,材料整体未遭破坏。当电子束热流密度增加至 5MW/m² 时,材料破坏机制为表面鼓泡变形,整体失效破坏,质量减损,并且质量减损也随电子束热流密度的增加而明显增加。

根据传热理论,可知温度梯度表达式为

$$\frac{\partial T}{\partial x} = -\frac{Q}{kA} \tag{7-9}$$

式中，Q 为热流量；k 为导热系数；A 为面积。

由于温度变化剧烈，试样变形速率很大。文献[18]在考虑热变形加速度的影响下，给出了垂直受热方向上的一维应力场方程：

$$\frac{\partial^2 \sigma}{\partial^2 t} = C^2 \frac{\partial^2 \sigma}{\partial^2 x} - R \frac{\partial^2 T}{\partial^2 t} \qquad (7-10)$$

$$C^2 = v^2 \frac{1-\mu}{(1+\mu)(1-2\mu)} \qquad (7-11)$$

$$R = \frac{\alpha E}{1-2\mu} \qquad (7-12)$$

其中，σ 为垂直于受热方向上的应力场；v 为垂直受热方向上的声速；μ 为泊松比；α 为金属的线膨胀系数；C 为无旋弹性波的传播速度；E 为物体的弹性模量。式(7-10)中等号右边第二项 $R\frac{\partial^2 T}{\partial^2 t}$ 即为纵向产生的热应力。通常导热系数 k 是随着温度的升高而逐渐减小的，因此入射电子束热流密度 Q 增大，表面积聚的热量就增多，温度升高，k 变小，表层熔化程度增大，从而引起较为严重的烧蚀，导致质量减损率增大。同时，入射电子束热流密度 Q 增大，表面温度升高，材料内部的温度梯度加大，材料内部产生的热应力也就增大。表面温度与材料内部温差越大，引起的表面热膨胀就越大，导致表面受压。在压应力作用下，表层由于熔化变软将出现扭曲而鼓泡，进而剥落，对试样产生严重的破坏。

2. 微观破坏机制

由前述内容可知，热流密度为 $0.5MW/m^2$ 时，表面温度相对不高，表面腐蚀并不严重，较难发现电子束对材料的损伤，试样无明显变化。当热流密度增加至 $5MW/m^2$ 时，电子束辐照能量相对较高，导致材料表面温度急剧升高。在如此的高温条件下，试样表面出现较大的损伤。由图 7-4、图 7-5、图 7-6 表面形貌可知，电子束热流密度 $5MW/m^2$ 时，微观破坏机制包括腐蚀坑、微裂纹，并且有熔化、蒸发、沉积等。材料表面出现腐蚀坑的原因可能主要是表面温度较高，甚至可能达到钨的熔点（3410℃），导致表面局部区域熔化，熔化物在表面张力的作用下向外挤压，同时由于热应力的作用使未熔化部分产生高温塑性变形。微裂纹同样是由在电子束辐照过程中温度较高而导致晶界结合强度下降而产生的。

在电子束热冲击实验中,虽然钨的抗氧化性较差,但电子束作用环境为真空(真空度<10^{-2} Pa),因此可以忽略材料与氧气发生的氧化反应。但是电子束辐照能量较高(5MW/m^2)时,表面温度较高,导致材料表面熔化,低熔点物质蒸发沉积等。因而电子束作用后材料表面形貌也是复杂多变的。关于电子束热冲击损伤形成的腐蚀坑、微裂纹等对材料抵抗进一步热冲击的影响仍需研究。

7.3 电子束热负荷循环实验

7.3.1 电子束热负荷循环对材料组织结构的影响

电子束热流密度为3MW/m^2,进行热循环100次后,各材料试样宏观上无明显损伤,试样并没有发生变形,整体完好。但是通过扫描电镜进行微观观察,可以发现试样表面产生了细微变化。图7-7为各材料热负荷循环后的表面形貌,纯钨试样表面完好,与热负荷循环前相比表面略显粗糙,并且钨晶粒间的晶界似乎表现得较为明显(图7-7(a));W-La$_2$O$_3$试样表面呈鱼鳞状,微裂纹在钨晶粒晶界分布,并交织呈现出网状结构(图7-7(b));TiC/W表面局部有微裂纹存在,并未形成与W-La$_2$O$_3$类似的网状结构(图7-7(c)、(e));La$_2$O$_3$-TiC/W表面形貌较为复杂,表面局部有微裂纹存在(图7-7(d))。由于高能电子束的反复强烈冲击作用,使得添加强化颗粒的样品表面出现微裂纹,可能是由钨和强化颗粒弹性模量、热膨胀系数等物性参数不同所致。电子束热负荷循环作用后,横截面扫描照片表明微裂纹仅存在于试样表面,未向基体内部扩展(图7-7(f))。采用金相砂纸将电子束作用的表层磨去,对基体显微组织进行观察。结果表明,电子束热负荷循环对基体晶粒组织影响不大,钨晶粒大小仍维持热冲击之前的水平(图7-8)。

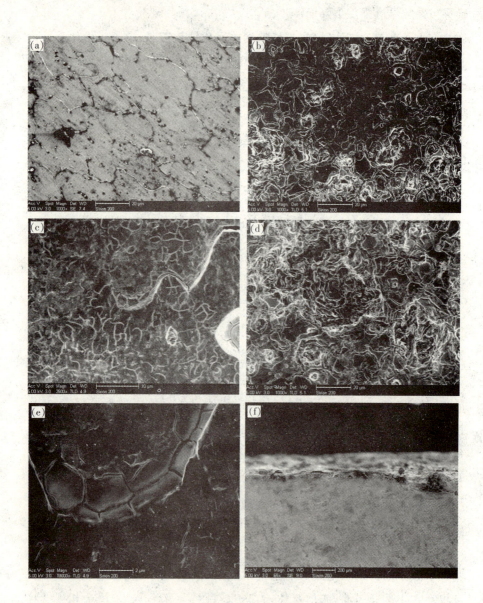

图 7-7 电子束热负荷循环后材料表面 SEM 图片

(a)W；(b)W-La_2O_3；(c)TiC/W；(d)La_2O_3-TiC/W；

(e)TiC/W 局部微裂纹；(f)W-La_2O_3 横截面

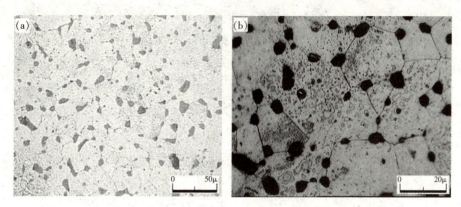

图 7-8　电子束热负荷循环前后 W-La_2O_3 材料的金相显微组织

(a)热负荷循环前；(b)热负荷循环后

7.3.2　电子束热负荷循环对显微硬度的影响

电子束热循环后样品表面的显微硬度如图 7-9 所示。由图可知，电子束热循环后，各材料表面的显微硬度有不同程度的提高。显微硬度的提高是热冲击应力作用的结果，电子束辐照材料表面时，将产生应力波[19]，并向材料内部传播，产生一个准周期的应力场。该应力波由于材料本身的内耗

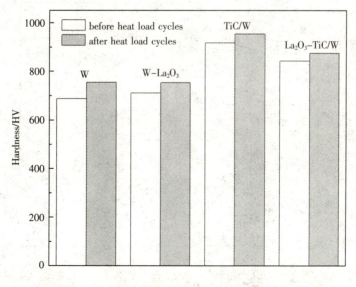

图 7-9　电子束热负荷循环前后材料的硬度变化

将很快衰减并消失[20],但是应力波的作用使材料表层产生滑移塑性变形,引起位错密度大幅增加[21]。有研究结果表明,电子束轰击后样品表层的位错密度提高了两个数量级左右[22],使得表层显微硬度增加,产生所谓的加工硬化现象。电子束作用于样品表面时,高的能量在短时间内沉积到材料表面,温度迅速提高,是一个快速非平衡过程[23],材料表面产生非常强的热力学效应[24],表面急剧升温和熔融产生热激波,在材料内部传播和反射[25],使表层微观结构发生一系列变化。本实验中样品表面形貌以及表层硬度的变化便是电子束轰击作用的结果。

7.3.3 电子束热负荷循环对抗弯强度的影响

电子束热冲击循环后材料的抗弯强度如图 7-10 所示。结果表明,材料的抗弯强度在经受电子束热冲击作用后出现不同程度的下降。电子束热冲击循环后材料的断口形貌如图 7-11 所示。由图可知,电子束热循环后断口形貌主要以沿晶断裂为主,钨晶粒边界轮廓清晰,呈多面体状,三个晶界相交处有三重结点出现。电子束热冲击循环后抗弯强度下降,并且沿晶断裂表现得较为明显,表明电子束热循环使晶界产生了弱化。

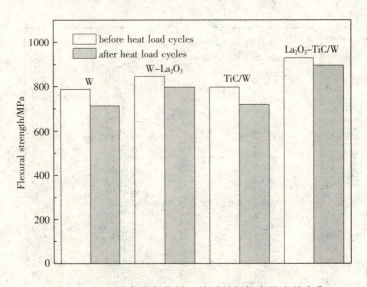

图 7-10 电子束热负荷循环前后材料抗弯强度的变化

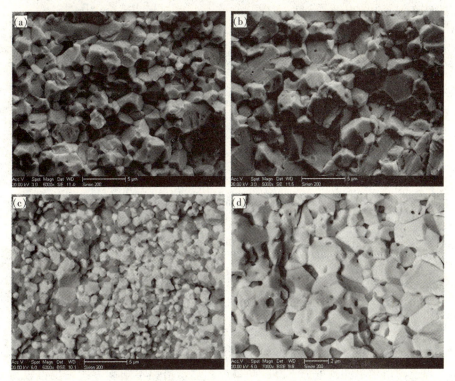

图 7-11 电子束热循环后材料的断口形貌
(a)W;(b)W-La$_2$O$_3$;(c)TiC/W;(d)La$_2$O$_3$-TiC/W

7.4 小 结

本章利用中科院等离子体物理研究所自行设计的多功能热冲击实验平台对几种材料进行瞬态电子束高热冲击模拟测试和热负荷循环模拟实验,研究电子束热冲击对材料表面温度、形貌以及质量烧蚀率的影响,并通过热负荷循环实验考察电子束热循环对材料的显微硬度、抗弯强度等力学性能以及断口形貌的影响,得出以下结论:

(1)电子束热流密度为 0.5MW/m^2 时,材料表面温度在初期(0~10s)急剧上升,TiC/W 复合材料的升温速率最快,纯钨的升温速率最低。并且随着时间的延长,各材料的表面温度上升趋势变缓。电子束热冲击后,几种材料的最终表面温度依次为:$T_W < T_{W-La_2O_3} < T_{TiC-La_2O_3/W} < T_{TiC/W}$。

(2)电子束热流密度为 0.5MW/m² 时,电子束作用后的各试样表面损伤并不十分严重,没有出现明显的宏观裂纹,表面不平整并呈现浮凸状。电子束热流密度为 5MW/m² 时,热冲击后材料出现起皮鼓泡现象,扭曲破坏严重,表面呈黑灰色,已完全损坏,材料表面出现有点状烧蚀坑和表皮脱落现象。

(3)电子束热流密度为 0.5MW/m² 时,几种材料热冲击前后质量减损不大,质量减损最大的为 TiC/W 复合材料,达到 0.51%。电子束热流密度为 5MW/m² 时,电子束热冲击作用较为明显,烧蚀较为严重,质量减损率均超过 1%。其中 TiC/W 质量减损率最大,已达到 2.81%。

(4)电子束热流密度为 3MW/m² 时,进行热循环 100 次后,样品表面出现腐蚀现象,微裂纹在钨晶粒晶界萌生,交织呈现网状结构,并且局部表面有熔化现象,表层金属熔融堆积扭曲,冷却后呈波纹状。但微裂纹仅存在于试样表面,未向基体内部扩展。

(5)电子束热循环后,各材料表面的显微硬度有不同程度的提高,而抗弯强度则出现不同程度的下降。断口形貌显示沿晶型断裂方式表现得较为明显,表明电子束热循环使晶界产生弱化。

参考文献

[1] 朱士尧. 核聚变原理[M]. 合肥:中国科学技术大学出版社,1992

[2] T. Tanabe, M. Wada, T. Ohgo, V. Philips, etc.. Applications of tungsten for plasma limiters in TEXTOR[J]. Journal of Nuclear Materials, 2000,283~287:1128~1133

[3] Rubel M, Tanabe T, Philips V, et al. Graphite-tungsten twin limiters in studies of material mixing process on high heat flux components[J]. Journal of Nuclear Materials,2000,283~287:1089~1093

[4] Tanabe T, Ohmori A. Influence of deuterium implanted in materials surface on Balmer lines emission from backscattering deuterium[J]. Journal of Nuclear Materials,1999,266~269:703~708

[5] 杨世铭,陶文铨. 传热学[M]. 北京:高等教育出版社,2006

[6] J. H. You, H. Bolt. Analytical method for thermal stress analysis of plasma facing materials[J]. Journal of Nuclear Materials, 2001, 299:9

[7] J. H. You. Design feasibility study of divertor component reinforced with fibrous metal matrix composite laminate[J]. Journal of Nuclear Materials, 2005, 336:97

[8] C. H. Hsueh, S. Lee. Modeling of elastic stresses in two materials joined by graded layer[J]. Composite Part B, 2003, 34:747

[9] C. H. Hsueh, A. G. Evans. Residual stresses and cracking in metal/ceramic system for microelectronics packaging[J]. Journal of American Ceramic Society, 1985, 68:120

[10] J. Chapa, I. Remanis. Modeling of thermal stresses in a graded Cu/W joint[J]. Journal of Nuclear Materials, 2002, 303:131

[11] L. L. Shaw. Thermal residual stresses in plate and coatings composed of multi-layered and functionally graded materials[J]. Composite Part B, 1998, 29B:199

[12] K. S. Ravichandran. Thermal residual stresses in functionally graded material system[J]. Material Science and Engineering A, 1995, 201:269

[13] J. T. Drake, R. L. Williamson, B. H. Rabin. Finite element analysis of thermal stresses at graded ceramic-metal interfaces, Part II, Interfaces optimization for residual stresses reduction[J]. Journal of Applied Physics, 1993, 74(2):1321

[14] S. Timoshenko, J. N. Goodier. Theory of Elasticity [M]. 3rd ed. New York: McGraw-Hill, 1970

[15] K. Ioki, T. Garching. Design and material selection for ITER first wall/blanket, divertor and vacuum vessel[J]. Journal of Nuclear Materials, 1998, 258~263:74

[16] J. H. You, H. Bolt, R. Duwe. Thermo-mechanical behavior of actively cooled, brazed divertor composites under cyclic high heat flux loads [J]. Journal of Nuclear Materials, 1997, 250:184

[17] Taya M, Hayashi S, Kobayashi A S, et al. Toughening of a partic-

ulate-reinforced ceramic matrix composite by thermal residual stress[J]. J. Am. Ceram. Soc. ,1990,73(5):1382~1391

[18] Qin Ying,Wu Ai Min. et al. Physical model and numerical simulation of intense pulsed electron beam surface modification[J]. High Power Laser and Particle Beam,2003,15(7):701~704

[19] 秦颖,吴爱民,邹建新,郝胜智,刘悦,王晓钢,董闯. 强流脉冲电子束表面改性的物理模型及数值模拟[J]. 强激光与粒子束,2003,15(7):701~704

[20] 邹建新,秦颖,吴爱民,郝胜智,王晓钢,董闯. 强流脉冲电子束纯铝表面改性过程的热力学模拟[J]. 核技术,2004,27(7):519~524

[21] 梅显秀,马腾才,王秀敏,徐卫平,宋美丽. 强流脉冲离子束辐照W6Mo5Cr4V2高速钢表面改性[J]. 金属学报,2003,39(9):926~931

[22] 关庆丰,安春香,张庆瑜,董闯,邹广田. 结构缺陷对电子束诱发纯铝表面熔坑的影响[J]. 材料研究学报,2005,19(5):492~498

[23] 张伟,隋曼龄,周亦胄,何冠虎,郭敬东,李斗星. 高密度电脉冲下材料的微观结构的演变[J]. 金属学报,2003,39(10):1009~1018

[24] LE X Y,ZHAO W J,YAN S. The thermodynamical process in metal surface due to the irradiation of intense pulsed ion beam[J]. Surface &Coat Technology,2002,158~159:14~20

[25] 刘志坚,韩丽君,江兴流,乐小云. 45号钢脉冲电子束熔凝处理及微结构研究[J]. 航空材料学报,2005,25(5):20~24

图书在版编目(CIP)数据

面对等离子体钨基复合材料的制备及其性能研究/陈勇,吴玉程著. —合肥:合肥工业大学出版社,2009.10

ISBN 978-7-5650-0113-0

Ⅰ.面… Ⅱ.①陈…②吴… Ⅲ.①钨基合金—复合材料—材料制备—研究②钨基合金—复合材料—性能分析 Ⅳ.TG146.4

中国版本图书馆 CIP 数据核字(2009)第 189883 号

面对等离子体钨基复合材料的制备及其性能研究

陈 勇	吴玉程 著	责任编辑	权 怡	王方志	责任校对	方 丹

出 版	合肥工业大学出版社	版 次	2009 年 10 月第 1 版
地 址	合肥市屯溪路 193 号	印 次	2009 年 10 月第 1 次印刷
邮 编	230009	开 本	720 毫米×1000 毫米 1/16
电 话	总编室:0551—2903038	印 张	11
	发行部:0551—2903198	字 数	167 千字
网 址	www.hfutpress.com.cn	印 刷	中国科学技术大学印刷厂
E-mail	press@hfutpress.com.cn	发 行	全国新华书店

ISBN 978-7-5650-0113-0　　　　　　　　　　　定价:28.00 元

如果有影响阅读的印装质量问题,请与出版社发行部联系调换。